科技评估丛书

国家科技评估中心（NCSTE）组织出版

科技规划的目标管理与评估机制研究

EVALUATION OF SCIENCE AND TECHNOLOGY PLAN: BASED ON MANAGEMENT BY OBJECTIVES

陈光 著

北京理工大学出版社
BEIJING INSTITUTE OF TECHNOLOGY PRESS

图书在版编目（CIP）数据

科技规划的目标管理与评估机制研究 / 陈光著. —北京：北京理工大学出版社，2021.2
ISBN 978-7-5682-9530-7

Ⅰ. ①科…　Ⅱ. ①陈…　Ⅲ. ①科技发展–科学规划–目标管理–研究–中国②科技发展–科学规划–评估方法–研究–中国　Ⅳ. ①G322.1

中国版本图书馆 CIP 数据核字（2021）第 023019 号

出版发行 / 北京理工大学出版社有限责任公司
社　　址 / 北京市海淀区中关村南大街 5 号
邮　　编 / 100081
电　　话 /（010）68914775（总编室）
（010）82562903（教材售后服务热线）
（010）68948351（其他图书服务热线）
网　　址 / http://www.bitpress.com.cn
经　　销 / 全国各地新华书店
印　　刷 / 保定市中画美凯印刷有限公司
开　　本 / 787 毫米×1092 毫米　1/16
印　　张 / 14.25
字　　数 / 205 千字
版　　次 / 2021 年 2 月第 1 版　2021 年 2 月第 1 次印刷
定　　价 / 72.00 元

责任编辑 / 申玉琴
文案编辑 / 申玉琴
责任校对 / 周瑞红
责任印制 / 李志强

图书出现印装质量问题，请拨打售后服务热线，本社负责调换

序 言

当前，中国正处于两个“五年”的历史交汇之际，“十三五”全面收官、“十四五”顺利开局。值此继往开来的关键时刻，中国的发展规划吸引着来自全世界的目光。陈光博士这部著作的推出，正可谓“恰逢其时”。

编制和实施国民经济和社会发展五年规划，已经成为我们党治国理政的一个重要方式，具有鲜明的中国特色。自 1956 年开始，13 个五年发展规划（计划）的编制与实施，使我国在发展规划（计划）的编制实施方面积累了丰富的实践经验，并取得了举世瞩目的成就。但毋庸讳言的是，随着计划经济条件下的“计划”模式向市场经济条件下的“规划”模式的范式转型，目前我国发展规划在组织实施与评估方面，仍然存在着一些值得改进的地方，迫切需要引入新的管理手段和方法，来进一步提升发展规划实施的效率和效果。

有鉴于此，陈光博士提议引入“目标管理”理论方法，来优化完善发展规划的组织实施和评估。正如目标管理思想的提出者德鲁克所指出的：“目标管理的主要贡献在于，我们能够以自我控制的管理方式来取代强制式的管理”，而这与我国以引导性的“规划”来取代指令性的“计划”相一致。可以说，从大的思路上来判断，通过“目标管理”这一手段来改进和加强我国发展规划的组织管理，应该是一个正确的方向和较为理想的切入点。

为了验证目标管理在发展规划领域的适用性，陈光博士选取了日本、美国和欧盟 3 个发达国家和地区的有关规划案例开展了深入调研。他熟练掌握英语和日语，查阅调研了大量有关文献资料。因为自身工作和研究方向的原因，他所研究的对象更侧重于科技领域的发展规划。

日本第1期至第5期《科技基本计划》的制定实施，为我们展现了一个目标管理机制不断走向成熟的历史进程。特别是从第4期《科技基本计划》（2011—2015）开始，伴随着创新潮流在世界范围内的兴起，日本政府将科技政策的定位拓展为“科技创新”政策，强调科学技术与创新的“一体化”，规划的编制思路与模式也随之发生了战略转向，即从“重点领域”型转向了“问题解决”型。福岛核事故之后的灾后重建需要，也加速了这一战略转向的进程。所谓“问题解决”型规划目标管理模式，亦即围绕规划战略目标的实现，首先凝练出若干制约经济社会发展、科技能够有力支撑解决的关键问题，然后针对这些关键问题的解决，系统性部署科研任务、制定出台相关配套政策措施。这种模式，在规划的顶层设计上实现了科技创新与体制机制创新的“双轮驱动”，有利于充分调动各政府部门和社会资源实现创新，堪称科技创新“国家总动员”的模式。

美国并未制定全国统一的经济社会发展规划，其战略规划目标管理主要通过政府绩效管理的法律框架实现。2010年，奥巴马政府对克林顿政府1993年制定的《政府绩效与结果法案》（GPRA）进行了升级，出台了《政府绩效与结果现代法案》（GPRAMA），引入了“优先目标”（包括联邦政府优先目标、各部门机构优先目标），从而构建了完整的“中央战略规划目标—部门战略规划目标—年度计划目标—项目目标”的体系架构。GPRAMA针对上述政府绩效目标体系，还建立了分层推进的目标责任体系、严格的监测评估体系、刚性的外部监督机制等配套保障措施，有力保障了美国政府绩效目标管理机制的有效运行。

欧盟2000年制定的《里斯本战略》，由于没有建立起有效的目标管理机制（目标数量超载、治理手段偏软等），最终遭致了失败。2010年欧盟在制定《欧洲2020战略》时，充分汲取了《里斯本战略》失败的教训，构建了较为稳健的战略规划目标管理体系，最终形成了“分层推进、多维监管”的规划目标管理体系架构以及以年度为完整政策周期的“欧洲学期”，从而为

《欧洲 2020 战略》的顺利执行落实奠定了坚实基础。

上述案例研究表明，目标管理在发展规划领域具备适用性，为在科技规划的组织实施之中引入目标管理机制，提供了历史经验依据。在日本、美国、欧盟的规划实践研究的基础上，陈光博士进一步提炼总结出了科技规划目标管理的两种模式——“目标细分型”模式和“问题导向型”模式。构建这两种目标管理模式的重要意义在于，它们都能够通过“目标”这一桥梁和纽带，将规划、计划/政策、项目 3 个不同层级有机地联系在一起，形成“规划—计划/政策—项目/措施”的逻辑链接（即“PPP 逻辑链接”），进而使规划的执行过程变得透明和有迹可循，破除了长期以来规划实施过程中存在的“黑箱”现象。同时，也使得规划管理部门能够针对规划的执行过程及时开展监测，并根据监测结果进行督导和协调。

在构建“PPP 逻辑链接”的基础上，陈光博士又进一步将其延伸至结果链，提出了科技规划的“PPPR”评估模型及其评估框架，为从理论上破解科技规划实施效果的“归因”困境提供了一条新路径，为科学地开展规划评估，做出了很有价值的新探索，改进和丰富了科技规划评估理论。

刚刚召开的十九届五中全会提出了“完善国家科技治理体系，优化国家科技规划体系和运行机制”的要求。规划目标，不仅是凝聚共识、指引未来发展的战略方向，也是强化规划组织实施与管理的一个有力抓手。如果要想使科技规划得到切切实实的贯彻落实，充分发挥科技规划的“指挥棒”作用，实现“全国一盘棋”，彻底告别“纸上画画、墙上挂挂”，那么目标管理便是一个较为理想的管理抓手。这需要我们重新认识规划目标的重要性和功能作用，一方面不断提升规划目标编制的质量和科学化水平，另一方面建立起目标管理体系架构以及所需的配套和保障机制。

从日本、美国、欧盟这 3 个发达国家和地区的典型案例来看，它们的规划目标管理的历史实践都曾经历过曲折，呈现出一个螺旋式上升的历程。考虑到目前我国在规划目标管理方面的基础仍然薄弱，因此未来在规划的制定与组织实施之中引入目标管理机制，也可能会面临不少挑战。但如果我们能够充分发挥后发优势，在借鉴国外规划实践经验的基础上，构建具有中国特色、符合国情的科技规划目标管理机制，就会有助于提升科技规划的品质和实施效率，推动我国科技与经济的高质量发展。

是为序。

刘益东

中国未来研究会副理事长

中科院自然科学史所 STS 中心主任，研究员/博士生导师

前　言

在 2016 年召开的“科技三会”上，习近平总书记向科技管理部门提出了“抓战略、抓规划、抓政策、抓服务”（简称“四抓”）的要求，为现代科技治理体系和治理能力建设指明了方向。可以说，落实“四抓”要求，是加快推进科技行政管理部门“放管服”改革、提高政府科技创新治理效能、促进创新型国家建设和实现科技强国的重要前提。其中，如何改进和加强科技战略规划的组织管理与评估，提高科技战略规划的组织实施效率，已成为当前一项意义十分重大且较为紧迫的任务。

从评估的角度来看，与较为成熟的科技项目评估、科技计划评估、科技政策评估等相比，科技规划评估目前仍然属于一个开拓性的新领域。虽然国内外的不少评估专家和学者在科技规划评估领域开展了一些有益的探索，但相关的评估理论和方法仍然十分匮乏。可以说，在科技评估（包括科技规划评估）日益受到重视的今天，科技规划评估的理论研究已经严重滞后于评估实践的开展，难以有效地对评估实践活动发挥指导作用，迫切需要科技评估界的同人们共同努力深耕，以解决科技规划评估“老虎吃天，无从下口”、规划实施效果与影响如何进行归因、评估对象到底是规划文本内容还是整体性的科技发展等问题。

鉴于此，本书从目标管理的角度，围绕科技规划的管理与评估理论方法开展了一些有益探索，以期抛砖引玉，吸引更多的科技管理和评估方面的专家学者们共同参与到科技规划评估这一小众领域的研究中来。

本书的主要结构如下：

第 1 章、第 2 章基于对我国科技规划有关历史实践与现状的梳理分析，以及对当前我国科技规划制定与组织实施过程中存在的问题与缺陷的探究，结合目标管理理论的特点，论证了当前在科技规划制定与组织实施之中引入目标管理理论方法的必要性。

为小心求证将目标管理引入科技规划领域的可行性，第 3 章、第 4 章、第 5 章分别选取了国际上相关典型案例开展了系统的历史研究与论证，包括：第 3 章系统梳理了日本第 1 期至第 5 期《科技基本计划》的目标管理历史演进过程（1995—2020 年），对其发展的 3 个阶段，从“领域细分型”目标管理机制向“问题解决型”目标管理机制的战略转变及相应的支撑保障机制等进行了分析；第 4 章从目标管理的角度重新审视了美国政府绩效管理的历史演进过程，尤其是从 GPRA（《政府绩效与结果法案》）发展到 GPRAMA（《政府绩效与结果现代法案》）的历史阶段（1993—2020 年），深入透视美国当代政府绩效目标管理的特色机制；第 5 章从目标管理的角度，总结了《里斯本战略》（2000—2010 年）执行失败的经验，深入分析了欧盟在组织实施《欧洲 2020 战略》（2011—2020 年）时所采取的目标管理机制。通过上述史实和案例的分析，有力论证了目标管理在科技规划领域的适用性与可行性。

第 6 章在分析、比较、总结国外典型实践经验的基础上，结合我国国情和开展科技规划目标管理的实际需要，尝试首次全面、系统地将目标管理机制引入科技规划的制定与组织实施之中，具体包括：提出了“目标细分型”和“问题导向型”两种目标管理模式，并通过这两种模式建立了基于目标管理的“规划—计划/政策—项目/措施”（PPP）逻辑链接，成功打开了科技规划实施过程中的“黑箱”。

第 7 章在上述“PPP 逻辑链接”基础上，研究构建了科技规划实施评估的 PPPR 模型及其相应的评估框架，进而建立了科技规划的 PDCA 全生命周期模型。PPPR 模型的建立，为从理论上破解长期制约发展规划实施评估的

“归因”瓶颈问题提供了一条创新性的可能路径。此外，还针对建立分层实施、系统高效的科技规划评估体系，以及在科技规划管理中引入目标管理机制所需的保障措施进行了探讨和设计。

最后，论著第 8 章结合我国科技规划制定与组织实施的现状，提出了引入和建立目标管理机制的相关政策建议，并对未来科技规划目标管理的发展方向进行了展望。

本论著兼具学术价值与现实意义。不仅对于完善我国科技规划的制定与组织实施具有针对性的重要参考价值，而且对于完善其他领域的专项发展规划乃至综合性总体发展规划的制定与组织实施也具有借鉴意义。

目　录

第1章 绪 论

1.1 研究背景

1.1.1 科技规划发展背景概述

1928年，为摆脱落后的农业国面貌，苏联在斯大林的主导下制订并实施了第一个五年计划——“一五计划”。1932年“一五计划”提前完成，并获得了巨大成功，在短短几年内，实现了使“苏联由一个任资本主义国家摆布的软弱的农业国家，变为不受世界资本主义摆布而完全独立的强盛的工业国家”（郑大华等，2009）的目标。随后，苏联继续制订并实施了“二五计划”（1933—1937年），并再次于1936年提前完成。

苏联这一成功做法引起了各国政府的重视和纷纷效仿。例如在我国，中华人民共和国成立伊始，即在马克思主义计划经济理论和苏联五年计划模式等因素影响下（龙观华，2014），于1953年制订了第一个五年计划——“一五计划”，随后连续每个五年均制订一期五年计划。改革开放后，计划经济模式退出历史舞台，五年计划模式也因难以适应社会主义市场经济条件下的新需求而终止。从“十一五”起，“五年计划”被改为“五年规划”并持续至今。与国民经济社会五年发展规划相配套，我国在科技领域每五年也制定一期科技发展规划，目前正在制定的是《“十四五”国家科技创新规划》。

除五年科技规划外，我国先后制定了8个中长期科技规划。其中，以第一个科技远景规划《1956—1967年科学技术发展远景规划纲要》（即“十二年科技规划”）和2006年发布的《国家中长期科学和技术发展规划纲要

（2006—2020 年）》最为知名，对我国的科技发展产生了较大的影响。

从世界范围来看，20 世纪 90 年代，伴随着科技与经济全球化浪潮，发达国家普遍改变了过去长期采取的对科技发展不干预政策，纷纷制定科技规划或科技计划（崔永华，2008），大幅度增加研究开发支出，积极抢占未来科技发展的战略制高点和主导权。例如：日本自 1995 年开始每五年制订一期科技基本计划，目前正在实施的是第 5 期《科技基本计划》；欧盟制定了《里斯本战略》，随后又制定了《欧洲 2020 战略》，并在第七框架计划的基础上组织实施“地平线 2020 计划”。可以说，科技规划作为一种战略性、前瞻性、导向性的公共政策，在各国政府科技管理中已经具有十分重要的引领地位。

1.1.2 有关概念和范围的界定

规划是人类认识和改变自身状况以及外部环境的重要手段。早期的规划对城市空间形态的关注大于对经济社会发展的关注，更多关注与建筑学有关的城市建设、空间环境设计等物质形态，“工具理性”大于“价值理性”。20 世纪 30 年代，Tugwell 将规划定义为和立法、行政、司法并列的“第四种权力”，认为规划是运用政府权力对国家资源进行调配，而不仅仅是设计城市。自此，规划的“理性价值”开始上升，从传统意义上的城市空间规划逐渐演变为综合性规划，更加关注经济、社会、生态环境与城市空间的协调发展（杨永恒，2012）。

规划应用领域的扩张也造成了规划概念的泛化，目前关于规划的定义五花八门。例如，Wildavsky（1973）认为规划是未来拟采取的一系列行动的指南，并通过最佳行动和手段达到预期的目标。杨伟民（2010）认为，规划是为达到某种目标，对规划对象未来发展变化状况的设想、谋划、部署或具体安排。由于不同领域的学者们依据本领域的特点和规律都可以对规划定义做出不同的诠释，因此规划定义的多元性在一定程度上也引起了混乱（杨永恒，2012）。

有鉴于此，本著作在开展研究之前，首先需要对研究对象的范围进行限定——本著作研究的主要对象是科技发展规划。一般认为，发展规划就是关于发展的规划，而在我国，发展规划还有另外一层含义，即指“国民经济社会发展规划”的简称（相伟，2012）。2005年，国务院发布《国务院关于加强国民经济和社会发展规划编制工作的若干意见》（国发〔2005〕33号），专门以规范性文件的形式，对国民经济和社会发展规划的概念进行了界定——国民经济和社会发展规划是“国家加强和改善宏观调控的重要手段，也是政府履行经济调节、市场监管、社会管理和公共服务职责的重要依据”。该文件明确了我国发展规划的“三级三类”管理体系，即国民经济和社会发展规划按行政层级分为国家级规划、省（区、市）级规划、市县级规划三个级别；按对象和功能类别分为总体规划、专项规划、区域规划三个类别。其中，专项规划是“以国民经济和社会发展特定领域为对象编制的规划，是总体规划在特定领域的细化，也是政府指导该领域发展以及审批、核准重大项目，安排政府投资和财政支出预算，制定特定领域相关政策的依据”。

综上所述，本论著所研究的科技规划是定位于国家层面的科技发展方面的专项规划，应该具有以下特点：

首先，应该是政府制定的规划。理论上，任何个人和组织都可以制定和发布规划。但是，既然发展规划是国家加强和改善宏观调控的重要手段，也是政府履行经济调节、市场监管、社会管理和公共服务职责的重要依据，那么它必然只能由政府或其授权的机构制定和发布。

其次，重点是国家级的规划。当前，科技领域战略制高点的争夺越来越体现为国家意志和行为，即中央政府通过国家层面的科技规划调动和优化配置创新资源，进而实现国家战略发展目标。另外，如果国家层面科技规划的实施机制理顺了，那么省级、市县级科技规划的实施机制等问题自然也迎刃而解。因此，本论著研究主要聚焦于国家层面的科技发展规划。

再次，应该是聚焦科技创新领域的专项规划。这里面包含两层含义：一是指专项规划，即本论著研究的是科技创新发展方面的规划[①]，与其他领域的城市规划、农业规划、交通规划、生态环境规划等不同，主要考虑科技创

① “十三五”期间，国家五年科技规划改称“科技创新规划”。考虑到表述习惯，本论著仍然沿用“科技规划”的简称。虽然没有使用“科技创新规划”的简称，但本论著所指称的“科技规划”同样也包含了创新方面的内容。

新的特点和规律；二是指发展规划，即本论著研究的对象，是要对未来发展进行宏观调控，作为政府履行经济调节、市场监管、社会管理和公共服务职责重要依据的发展规划，因此那些仅对未来发展提出方针路线、未提出具体任务部署的务虚性质的“战略”或“纲要”不在本论著的研究范围之内。

最后，本研究对科技规划的执行周期（5 年及 5 年以上的中长期）并未刻意地进行区分。因为实施周期更长的中长期科技发展规划最终也需要通过若干个五年科技规划予以落实，其组织实施的机制与模式在本质上与五年科技规划也是基本相同的。

1.2 研究问题的提出

1.2.1 科技规划实施中的有关缺陷

近年来，我国科技规划在实施过程中逐渐暴露出了一些缺陷和不足，其中最突出的是“重制定、轻执行”现象普遍存在。从历次科技规划看，政府在规划的编制方面往往投入大量人力、物力，邀请许多机构和专家学者开展研究和讨论，然而对于如何实施科技规划、规划的实施机制与工作方案如何设计等则没有投入同等力量进行关注，至于后续执行、执行过程的评估、评估之后方案的改进和动态调整，以及规划实施何时以何种方式来终结，更是与规划制定的受关注程度不可同日而语，这导致规划目标与实际发展状况严重脱节的情况十分常见，严重影响政府的公信度（黄宁燕等，2014）。

“重制定、轻执行”这一现象不仅存在于科技规划领域，在我国的其他类型发展规划中也不同程度地普遍存在。以五年国民经济社会发展规划为例，13 个“五年发展计划”（“五年发展规划”）的编制，使我国在规划制定方面已经形成了较为成功的经验。如王绍光等（2015）将我国 13 个“五年发展计划（规划）”的编制决策总结为内部集体决策、一言堂决策、内部集体决策重建、咨询决策、集思广益决策 5 个阶段的四代决策模式，认为我国发展规划的编制制定，经过半个多世纪的摸索，已经形成了又有集中又有民主的“集思广益”民主决策模式。

但是，相比五年发展规划的制定，关于五年发展规划的组织实施目前仍然缺少成熟的理论模式。可以说，相较于规划的制定，规划的组织实施目前仍然是一个薄弱环节。尤其是当某些规划的编制质量较差、科学性不足的时候，规划中的内容往往得不到很好的贯彻落实，从而使规划的组织实施流于形式，导致社会上时常有“规划规划，纸上画画，墙上挂挂”“规划只管头两年”，甚至戏称规划为“鬼话”等不满声音出现，严重影响了政府的形象和公信力以及规划自身的严肃性。

科技规划组织实施环节的薄弱，与相关指导理论研究的匮乏也有着很大关系。张利华和徐晓新（2005）认为，在科技规划实践高速发展的同时，国内有关科技发展规划的理论研究却严重滞后，影响了整个科技规划的质量和实施效果。黄宁燕等（2014）也认为，相对于丰富的科技规划实践活动，长期以来我国在科技规划方面的理论和方法研究却相当匮乏，研究成果非常少，而且主要偏重于规划的制定，针对科技规划实施的研究只零星存在，从科技规划实施的推进者——科技管理部门角度出发的研究成果则更为少见。

可见，长期以来，国内关于科技规划组织实施的理论研究严重滞后于科技规划的实践，急需深入开展相关理论研究，以促进解决当前科技规划组织实施薄弱、执行流于形式、指导功能弱化等问题。

1.2.2 拟解决的问题

经过前期调研和分析，作者认为，在科技规划的制定与组织实施中引入目标管理理论，很可能是创新性地加强科技规划的组织实施理论研究，强化对各类科技规划执行主体的理论方法指导，进而提升科技规划组织实施效率的一个较为理想的方案。

“目标管理”的概念最早由管理学大师彼得·德鲁克在其管理学经典著作《管理的实践》中提出。在该书中，德鲁克（1954）认为：“企业的每一分子都有不同的贡献，但是所有的贡献都必须为了共同的目标。他们的努力必须凝聚到共同的方向，他们的贡献也必须紧密结合为整体，其中没有裂痕、没有摩擦，也没有不必要的重复努力。因此，企业绩效要求的是每一项工作必须以达到企业整体目标为目标。期望管理者达到的绩效目标必须源自企业的绩效目标，同时也通过管理者对于企业的成功所做的贡献来衡量他们的工作成果。管理者必须了解根据企业目标，他需要达到什么样的绩效，而他的上司也必须知道应该要求和期望他有什么贡献，并据此评判他的绩效。如果没有达到这些要求，管理者就走偏了方向，他们的努力将付诸东流，组织中看不到团队合作，只有摩擦、挫败和冲突。”德鲁克还指出，从“大老板”到工厂领班或高级职员，每位管理者都需要有明确的目标，而且必须在目标中列出所管辖单位应该达到的绩效，说明他和他管辖的单位应该有什么贡献，这样才能协助其他单位达成目标。

在目标的设定上，德鲁克（1954）认为每位管理者必须自行发展和设定单位的目标，不过高层管理者仍然需要保留对目标的同意权。发展出这些目标是管理者的职责所在。管理者的目标必须反映企业需要达到的目标，而不只是个别主管的需求，管理者必须以积极的态度认同企业目标。他必须了解公司的最终目标是什么、对他有什么期望，又为什么会有这样的期望，企业用什么来衡量他的绩效以及如何衡量。每个单位的各级管理者都必须来一次“思想交流”，而只有当每一位管理者都能彻底思考单位目标时，换句话说就是积极并负责地参与有关目标的讨论，才能达到会议的功效。

德鲁克（1954）还认为：“目标管理最大的好处或许在于，管理者因此能够控制自己的绩效。自我控制意味着更强烈的工作动机：想要有最好的表现，而不只是达标而已，因此会制定更高的绩效目标和更宏伟的愿景。虽然，即使有了目标管理，企业管理团队也不一定就会同心协力、方向一致，但是如果要通过自我控制来管理企业，势必推行目标管理。”“目标管理需要投入巨大的努力和采取特殊的手段。因为在企业中，管理人员不会自动将自己指向一个共同的目标。”

作者认为，德鲁克的目标管理理论思想特点与科技规划的管理需求和特性高度契合。在科技规划的制定和组织实施中，可以尝试引入目标管理理论思想和方法。引入目标管理的潜在好处有多种。诸如：能够建立自上而下的目标体系，促使各层级的规划执行者都围绕着顶层的国家规划目标共同努力；通过让各层级规划执行者参与目标制定，提高他们的积极性和责任感，并避免“计划”经济模式下的信息失真等弊端，等等。

与此同时，我们也必须清醒地注意到，德鲁克的目标管理理论是面向企业管理提出的，虽然 Rodgers 和 Hunter（1992）对 70 项关于目标管理在公共部门和私营部门应用情况调查的荟萃分析表明，目标管理在公共部门的应用效果并不亚于私营部门，但是该理论能否直接“嫁接”到国家级的科技规划的管理之上仍然存疑，必须经过小心地求证才能得出站得住脚的有关结论。提出一个新的想法很容易，难的是要确保它具备可行性、经得起实践的检验，否则无异于“纸上谈兵”。

基于此，本论著提出拟研究解决的一组问题如下：

① 当前在我国科技规划的制定与组织实施之中，是否需要引入目标管理机制和理论？

② 如果需要的话，那么目标管理理论方法能否适用于科技规划的制定与组织实施之中？

③ 如果适用的话，那么目标管理理论如何应用于科技规划的制定与组织实施之中？具体使用什么模式方法？

④ 目标管理这种新机制与以往的机制相比，有哪些创新？在解决当前科技规划制定与实施过程中出现的各种深层次问题上有何优势和特点？

1.2.3 研究思路与研究方法

（1）研究思路与技术路线

针对上述需要研究解决的问题，本书将遵循“国内历史回顾与需求分析→国外典型案例研究→经验综合比较分析→共性规律模式提出”的思路，具体开展相关研究。

首先，从目标管理的视角，对我国科技规划（包括其上位的国民经济社会发展五年总体规划）的有关历史实践重新进行系统梳理，对当前我国科技规划制定与组织实施中引入目标管理的需求进行分析，并检视当前我国科技规划在目标管理方面的基础现状和存在的问题。

然后，针对国外发达国家和地区的发展规划在目标管理方面的历史实践进行系统梳理，选择典型案例开展实证分析。经过前期摸底调研，本论著拟选择日本的《科学技术基本计划》，美国政府绩效管理（GPRA、GPRAMA）

及欧盟截至目前连续实施的两个十年增长规划（《里斯本战略》《欧洲 2020 战略》）作为典型案例，开展发展规划目标管理的案例研究，对其不同历史时期的发展规划目标管理的具体做法、呈现出的机制特点等进行深入分析，并对其历史演进过程与特征进行分析总结。

之后，对上述典型国家和地区的发展规划目标管理历史实践进行综合交叉比较分析，总结不同历史实践的个性特征与共性规律，并结合我国国情和对规划实施机制的需求，尝试提出符合我国国情、具有普适性的科技规划目标管理机制模型与方法。

最后，针对我国科技规划的制定与组织实施现状，提出改进我国科技规划制定与组织实施方面的有关政策建议。

具体的研究技术路线如图 1.1 所示。

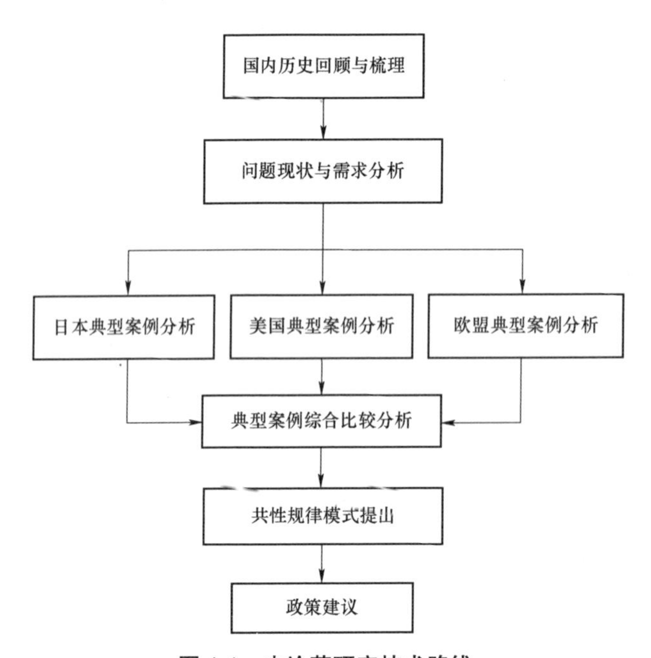

图 1.1　本论著研究技术路线

（2）研究方法

本论著主要采用以下方法开展研究：

一是文献研究法。通过查阅国内外相关文献资料，探究包括目标管理在内的关于科技规划组织实施机制方面的已有研究基础。

二是科技史编年史方法。在文献研究的基础上，选择国内和国外典型国家和地区，对其科技规划或发展规划在目标管理方面的历史实践，按照规划制定实施年代的先后顺序依次进行分析总结，同时尽可能兼顾对其政治体制、传统文化、经济社会发展阶段等方面的分析。

三是案例研究与比较研究法。针对所选取的典型国家和地区的规划实践案例，围绕目标管理主题广泛收集相关史料，深入开展系统研究，对目标管理理论在发展规划领域的适用性进行检验。同时，对所研究的案例开展交叉比较，总结分析其异同点，以加深和丰富对科技规划目标管理实施机制的认识，为提炼形成有关规律性的理论模型方法提供基础。

最后，本论著还强调研究分析的系统性。在对科技规划目标管理机制进行分析时，注重对科技规划、科技计划/政策、科技项目以及相关保障机制开展成体系的研究，同时研究也注重覆盖科技规划制定、执行、监测评估、动态修正的完整生命周期。

1.3 研究综述

围绕科技规划的目标管理，作者对科技规划、目标管理以及发展规划目标管理等方面已有的研究成果进行了梳理和分析。

1.3.1 科技规划方面的研究

在国内科技规划的研究方面，汪前进（2004）从历史角度重点对中国科学院在国家科技规划制定中的作用进行了分析。胡维佳（2007）对 1956 年制定“十二年规划”、1963 年制定“十年规划”和 1978 年制定“八年规划”的过程，以及与之相关的对中华人民共和国成立初期的科技发展指导思想等进行了系统的研究，从纵的方向上大致勾画出中国科技政策演变的历史脉络，并开展了政策的调适等方面的讨论。崔永华（2008）在其博士论文《当代中国重大科技规划制定与实施研究》、陈正洪（2009）在其博士论文《建国以来中长期科技规划的历史演进和理念解析》、赵鹰（2007）在其硕士论文《中国历次中长期科技规划的研究》、郑天天（2007）在其硕士论文《我国重大科技发展规划演变研究》之中，系统研究了中华人民共和国成立以来制定的 8 个中长期科技规划的战略内容及其对应的历史背景，并指出了我国科技规划制定与实施过程中存在的若干问题。刘贺（2018）则专门针对我国首个科技规划——“十二年科技规划”的制定与实施历程进行了全面回顾。上述研究从科技史内史和外史的不同角度，对我国历次科技规划的文本内容进行了详细梳理，分析了规划文本内容及制定过程与当时的政治、经济、社会、外交等方面的关联关系及相应的历史变迁。遗憾的是，这些研究较少涉及科技规划的实施机制与模式，将之提升至理论方法与模型层面的研究则更少。虽然上述研究针对科技规划的制定与实施中存在的问题也提出了一些措施性建议，但均未形成系统的理论方法与模型工具。

在国外科技规划的研究方面，对国外科技规划的管理与实施方式进行介绍和比较分析的研究较多，如康相武（2008）对典型国家（或地区）科技规划制定及管理进行了比较研究，李正风、邱惠丽（2005）对若干典型国家科技规划共性特征进行了分析。王海燕等（2013）对美国、英国、日本等发达国家的科技规划管理特点分别进行了分析。同样遗憾的是，上述针对国外科技规划的梳理研究多以国外科技规划内容及其具体的制定与管理方式的介绍为主，也未借鉴形成系统深入的理论方法与模型工具。

总体而言，目前关于科技规划的研究主要集中于规划文本内容和制定背景的分析，以及规划制定与实施过程中个别具体问题的分析，鲜有从个案上升到理论方法与模型高度的研究。

1.3.2 目标管理方面的研究

许一（2006）对德鲁克目标管理理论的内涵、特点进行了分析，梳理了不同管理学者对德鲁克目标管理理论的评价看法，总结了德鲁克之后的众多管理学者对其理论的完善和发展做出的贡献，客观分析了其他管理学者对目标管理理论的质疑和批判，并认为目标管理理论与中国传统文化的基因密切相关，有利于形成独特的中国式目标管理。

李睿祎（2006）对德鲁克目标管理理论的渊源进行了梳理。通过对科学管理、管理过程、人际关系等学派以及管理理论丛林对“目标”的理解与认识的分析，较为系统地梳理了德鲁克之前的相关思想的发展脉络。在此基础上，对德鲁克目标管理理论的系统性、完整性、科学性和实用性等进行了分析总结。

关于目标管理理论的应用，目前大多集中在企业管理、绩效管理（考核）、项目管理、公共管理等方面。例如，孙丽艳（2005）对企业目标管理的实施方法及其在企业案例中的应用进行了研究；孙贤宏（2003）、何少珍（2009）、陈忠（2017）等对目标管理在绩效管理中的应用进行了研究；李辉（2016）、袁玲（2017）、王春玲（2018）等对基于目标管理的各种机构中的绩效考核进行了研究；杜娟（2009）、刘培（2010）、肖誉佳（2013）等对目标管理在政府公共部门管理中的应用进行了研究。

2008年，国家科技评估中心承担开展了“国内外政府科技管理部门目标管理（绩效管理）”重大专题调研，对国内外有关政策法规、科技计划、公共科技管理和资助机构的目标管理开展了系统深入的调研。虽然该调研为在科技管理工作中引入目标管理机制奠定了相关理论基础，但遗憾的是，该研究当时并未针对科技规划重点开展研究。

总的来看，目前在管理学视域之中，科技规划尚未成为目标管理的重点应用领域和研究对象，鲜见相关研究。

1.3.3 发展规划目标管理方面的研究

在更为宏观的发展规划的研究方面，有不少关于规划实施机制方面的研究。其中，也有少数学者已经注意到了目标管理的重要性。

王志坚（2012）提出了要在德鲁克目标管理视角下进行政府规划的制定，他在分析我国政府规划的现状与问题基础上，提出要加强我国政府规划的目标管理。但遗憾的是，关于具体如何实施开展，只给出了一些方向性的建议，并未开展深入的分析与研究。

鄢一龙（2013）在哈耶克“目标统制”（teleocracy）思想的基础上提出了通过规划实行“目标治理”的概念：即通过有意识地运用整体知识制定国家规划，引导资源配置，以推动目标实现的公共事务治理方式。他认为，政府规划这只看得见的手，是对市场这一“看不见的手”的有益补充，两者相辅相成、不可或缺，并通过数理模型论证了目标治理、自发治理（纯市场调节）以及介于两者之间的混合治理 3 种不同模式的治理成本。在中央与地方层面，提出要通过“纵向民主”充分调动地方的积极性，提高中央与地方目标的匹配性，同时提出了目标治理的四大机制：通过国家目标管理层层传递行政压力，进行选择性软预算约束，调整现有的制度，以项目为抓手集中资源办大事。

虽然该研究意识到了目标对于发展规划组织实施与管理的极端重要性，但是，总体而言该研究推崇的仍是通过“约束性”指标层层传递行政压力的目标管理模式。这种“硬指标”摊派的模式仍然偏向于传统的“压制式”管理方式，与德鲁克提出的目标管理理论思想正好相悖。另外，该研究主要以中国的国民经济社会发展“十一五”“十二五”规划实施情况为底本，“解读中国发展奇迹的奥秘”，并未参考国际上其他发达国家的实践做法。他山之石，可以攻玉。作者认为，姑且不论政治体制，仅就科技创新而言，发达国家仍然在技术水平和管理手段上保持着先进性，仍然值得我们学习和借鉴。

综上所述，目前发展规划（包括科技规划）领域的目标管理机制研究仍然属于薄弱甚至空白领域，需要深入开展专门的研究与探讨。

第 2 章　我国科技规划有关
历史回顾与现状分析

中华人民共和国成立以来，共制定了 8 个中长期科技规划，“十一五”以来还制定了 3 期五年科技规划。这些规划实践在目标管理方面进行了有益探索和实践，但同时也存在着许多不足与缺陷。本章重点从目标管理这一新的视角出发，对我国科技规划的有关历史实践重新进行了梳理总结。

2.1　中长期科技规划的有关历史回顾

在中华人民共和国成立以来制定的 8 个中长期科技规划中，除第一个科技规划——《1956—1967 年科学技术发展远景规划纲要》（以下简称《十二年科技规划》）和刚刚实施结束的《国家中长期科学和技术发展规划纲要（2006—2020 年）》（以下简称《中长期科技规划纲要》）没有进行较大调整外，其余规划均因各种情况，在执行几年后或进行了比较大的调整，或重新制定了新的规划，导致原规划基本上搁置了（胡维佳，2003）。目前国内外学者对我国中长期科技规划的研究也主要集中在《十二年科技规划》和《中长期科技规划纲要》这两个规划之上，它们也普遍被认为是产生影响最大的两个规划。因此，在 8 个中长期科技规划之中，作者主要就这两个规划的组织实施机制与模式进行了研究。

2.1.1 《十二年科技规划》的有关历史回顾

《十二年科技规划》的制定堪称一项浩大工程。在周恩来同志的亲自领导下，于 1956 年 2 月组成了以时任副总理陈毅为主任的“国务院科学规划委员会”（1956 年年底改由聂荣臻担任主任）（马惠娣，1995），由 600 多名来自各个领域的科学家和近百名苏联专家共同参与制定（聂文婷，2012）。

在“重点发展，迎头赶上”方针的指导下，《十二年科技规划》从 13 个方面提出了 57 项重大科学技术任务、616 个中心问题，并从中进一步综合提出了 12 个重点任务，还对全国科研工作的体制、现有人才的使用方针、培养干部的计划和分配比例、科学研究机构设置的原则等作了一般性的规定，是一个对于项目、人才、基地、体制统筹安排的规划（科技部网站，2018）。

关于《十二年科技规划》的组织实施与管理模式，国内学者马惠娣（1995）研究后认为，《十二年科技规划》的制定与实施代表了一种从国家层次展开和推动的高度统一的管理模式，即国家依靠强大的行政力量对科学技术事业进行全面指令性管理，管理过程中的计划、组织、人员、领导、控制等各个环节。它的主要特征包括：用行政的力量在国家层次上强力推动，其中的项目、计划、措施等均属指令性的，政府实行的是行政领导而不是“行政诱导”；基本上不依靠或无从依靠社会独立、自发的科技力量开展科学技术活动，而是由自上而下的力量促进科技的发展。这种模式的成功首先要归功于中国共产党几十年的成功经验——军事化组织管理和“集中兵力打歼灭战”的军事思想的充分运用和体现；其次是社会主义制度的高度集权和实行的计划经济体制以及强化的社会主义意识形态力量。这种模式亦即至今仍为许多人所称道的“举国体制”模式。

李真真（1995）则将制定《十二年科技规划》的 1956 年，视为新政权试图通过将科学技术发展全面纳入中央集权的计划经济体制，从而实现“科学国家化”目标的关键一年。她认为，虽然科学国家化这一模式在中国条件下取得了如此显赫和令人回味的建树和成就，但是这种模式成功的条件是十分苛刻的。例如，在《十二年科技规划》中，国防优先性是显而易见的。在当时中国常规民用、基础产业技术水平极端落后的情况下，它典型地表达了科学国家化意志的绝对性和优先性，但其后果也是严重的——当时国民经济技术的落后状态除了与体制有关外，不能不说国防优先的政策起了无法估量的作用。

虽然《十二年科技规划》的实施取得了以“两弹一星”为代表的众多标志性成果，但它的制定和实施无疑是在计划经济的模式背景之下进行的。《十二年科技规划》制定和实施的目的是配合第二个和第三个五年计划的社会主义建设，对国民经济各部门进行技术改造（李平等，2014），其中的项目、计划、措施等均属指令性的，各类规划执行主体没有自由度可言。因此它仍然是“压制式”的管理方式，而非“自我控制”为主的管理方式，显然不属于德鲁克所定义的“目标管理”的模式。随着十一届三中全会的召开，高度统一、高度集中的指令性“计划经济体制”开始逐渐淡出历史舞台。在市场对资源配置起决定性作用的今天，《十二年科技规划》的成功模式显然是难以简单复制的。

虽然《十二年科技规划》的组织实施方式并不属于德鲁克所提出的目标管理模式，但其在组织实施与管理方面积累的许多有益经验仍然值得借鉴。例如：① 正确把握科学技术远景规划执行过程中计划性与灵活性的关系。根据国内生产和国内外科技发展情况科学制订年度工作计划，如 1957 年的全国科学研究计划就根据实际需要和现实条件对远景规划中的某些项目进行了调整。② 全面细致地检查规划执行情况。在《十二年科技规划》的执行过程中，根据党中央的指示，聂荣臻曾几次对规划的执行情况进行了全面细致的检查。其中规模相对比较大的检查有两次。③ 成立常设的高级协调机构。在规划制定工作接近尾声时，聂荣臻、陈毅、李富春共同向中央提出建议，保留了规划制定时成立的科学规划委员会，负责监督科技规划的实施，汇总平衡各个系统年度的和长期的科学研究计划等，并由聂荣臻担任委员会党组书记（聂文婷，2012）。

2.1.2 《中长期科技规划纲要》的有关历史回顾

2006 年 1 月 26 日，中共中央、国务院做出了“关于实施科技规划纲要，增强自主创新能力”的决定，标志着《中长期科技规划纲要》正式启动实施。

《中长期科技规划纲要》的编制同样也是一项浩大工程，国务院专门成立了以时任总理温家宝同志为组长的中长期科技规划纲要领导小组，参加研究的人员汇集了我国科技、经济、教育、企业和管理各界的一大批精英，骨干研究人员总数达到1 050人。规划起草工作经历前期准备、框架设计、任务凝练与政策梳理、草案形成和征求意见5个阶段，先后提交国务院常务会议、中共中央政治局常委会、中共中央政治局会议审议，并广泛征求了各中央部委、地方省市意见，先后12易其稿，历时两年多，最终完成了规划的编制工作（范柏乃、蓝志勇，2007）。这份在新的发展形势下制定的新规划被普遍认为是继《十二年科技规划》之后最重要的科技发展规划，与之前规划既有延续性，又有其创新的特点（樊春良，2019）。

2.1.2.1 目标内容与发展指标概述

《中长期科技规划纲要》在规划目标的设定上，采取了“总体目标+关键指标”的制定模式，提出的总体目标是到2020年实现“三个显著增强”：自主创新能力显著增强，科技促进经济社会发展和保障国家安全的能力显著增强，为全面建设小康社会提供强有力的支撑；基础科学和前沿技术研究综合实力显著增强，取得一批在世界具有重大影响的科学技术成果，进入创新型国家行列，为在21世纪中叶成为世界科技强国奠定基础。此外，《中长期科技规划纲要》还在8个重要方面分别提出了具体目标。如在农业方面，要实现“农业科技整体实力进入世界前列，促进农业综合生产能力的提高，有效保障国家食物安全”；在能源方面，要实现“能源开发、节能技术和清洁能源技术取得突破，促进能源结构优化，主要工业产品单位能耗指标达到或接近世界先进水平”。

除了定性描述的目标外，《中长期科技规划纲要》还提出了5个量化的发展指标：到2020年，全社会研究开发投入占国内生产总值的比重提高到2.5%以上，力争科技进步贡献率达到60%以上，对外技术依存度降低到30%以下，本国人发明专利年度授权量和国际科学论文被引用数均进入世界前5位。

《中长期科技规划纲要》的总体任务部署包括：一是确定了能源等11个国民经济和社会发展的重点领域及68项优先主题；二是瞄准国家目标，实施16个重大专项；三是应对未来挑战，重点安排8个技术领域的27项前沿技术，18个基础科学问题，并提出实施4个重大科学研究计划；四是深化体制改革，完善政策措施，增加科技投入，加强人才队伍建设，推进国家创新体系建设，为我国进入创新型国家行列提供可靠保障。

2.1.2.2 组织实施机制主要特点

在组织实施机制上，《中长期科技规划纲要》提出了四方面的要求，分别是加强与“十一五”国民经济和社会发展规划的衔接，制定若干配套政策，建立纲要实施的动态调整机制，加强对纲要实施的组织领导。从实践来看，在《中长期科技规划纲要》颁布实施后，其组织实施机制的特点，主要体现在以下两个方面。

（1）制定了若干配套政策

为促进《中长期科技规划纲要》的实施，2006年2月26日，国务院发布了《实施〈国家中长期科学和技术发展规划纲要（2006—2020年）〉的若干配套政策》（以下简称《配套政策》），从科技投入、税收激励、金融支持、政府采购等10个方面，制定了60条具体的配套政策。

为落实《配套政策》，国家发展改革委、教育部、科技部等16个国务院有关部门计划制定99项实施细则[①]。这些实施细则除少数由于形势变化而搁浅外——如自主创新产品政府采购预算管理办法、自主创新产品政府采购评审办法、自主创新产品政府采购合同管理办法等配套政策，因招致外资企业等激烈反对，制定后即停止执行（财政部，2012），其余大部分均顺利出台并得以实施。

（2）及时开展了实施情况的评估

2009年7月，为推进《中长期科技规划纲要》战略任务的落实，科学制定国家“十二五”科技规划，科技部组织开展了《中长期科技规划纲要》“十一五”期间执行情况的检查评估工作，要求各省、自治区、直辖市及计划单列市，新疆生产建设兵团，国务院有关部门，中科院、工程院、自然基金委、

---

① 参见国务院办公厅关于同意制定《实施〈国家中长期科学和技术发展规划纲要〉的若干配套政策》实施细则的复函（国办函〔2006〕30 号）[EB/OL].（2006-04-11）. http://www.gov.cn/xxgk/pub/govpublic/mrlm/200803/t20080328_32171.html.

中国科协提交自查评估报告，委托专业评估机构开展专题评估，形成专题评估报告[①]。在此基础上，科技部形成了《中长期科技规划纲要》“十一五”执行情况总体评估报告，上报国务院，有关评估结论为国家“十二五”科技规划制定提供了决策参考支撑。

2013 年，在《中长期科技规划纲要》实施周期过半的中期节点，科技部继续牵头组织了《中长期科技规划纲要》实施情况中期评估，先后开展前期调研、部门地方自评估、专题评估、地方评估、国际咨询、三院咨询、总体评估等活动，形成总体评估报告上报国务院。此次中期评估深入分析了当时我国科技发展面临的新需求和新挑战，提出了重大政策和任务部署建议，对纲要后半阶段实施的调整充实，以及国家“十三五”科技创新规划编制提供了重要参考。

2019 年，科技部委托中国科协对《中长期科技规划纲要》的实施情况开展了第三方总结评估。此次评估动员相关部门和地方开展自评估，组织 9 家高端智库、8 家全国学会、6 家省级科协分别开展领域及重点区域评估，面向近 3 万名科技工作者开展了问卷调查，最后由中国科协独立起草形成评估报告。评估结果为新一轮中长期科技规划的编制提供了决策参考。

除了对《中长期科技规划纲要》实施情况进行总体性的评估之外，科技部还定期对包括《配套政策》在内的重点科技创新政策的落实情况进行监测评估，为有关科技创新政策的落实完善起到了促进作用。

对《中长期科技规划纲要》实施情况开展系列评估，以及制定实施《配套政策》，无疑有利于进一步引导和督促《中长期科技规划纲要》有关任务部署的执行落实，有利于了解掌握纲要执行过程中存在的问题以及新的形势变化与挑战，并及时做出动态调整，促进既定规划目标的顺利实现。

---

① 参见“科技部关于开展《国家中长期科学和技术发展规划纲要（2006—2020 年）》执行情况检查评估工作的通知”（国科发计〔2009〕425 号）[EB/OL].（2009-07-27）. http://www.most.gov.cn/fggw/zfwj/zfwj2009/200908/t20090827_72482.htm.

2.2 “十一五”以来五年规划的有关发展历程回顾

2.2.1 五年总体发展规划在目标管理方面的做法

从“十一五”（2006—2010 年）起，我国的国民经济社会发展“五年计划”改为“五年规划”，目前刚刚实施结束的是《中华人民共和国国民经济和社会发展第十三个五年规划纲要》（以下简称《“十三五”规划》）。虽然 3 期五年规划的历史跨度并不算很长，但是历经“十一五”“十二五”“十三五”3 个五年规划的积累，五年总体发展规划在目标管理方面也体现出了不少特点。

（1）设立约束性发展指标

考察 3 个五年发展规划的目标制定方式，与《中长期科技规划纲要》一样，均采取了“总体目标+关键指标”的制定模式。如《中华人民共和国国民经济和社会发展第十一个五年规划纲要》（以下简称《“十一五”规划》）制定了“宏观经济平稳运行”“产业结构优化升级”等 9 个方面的主要目标，其中列举了 22 个量化指标。这 22 个指标又进一步划分为预期性和约束性两类。

根据《“十一五”规划》中给出的定义：预期性指标是“国家期望的发展目标，主要依靠市场主体的自主行为实现。政府要创造良好的宏观环境……努力争取实现”；约束性指标则是在预期性基础上进一步明确并强化了政府责任的指标，是“中央政府在公共服务和涉及公众利益领域对地方政府和中央政府有关部门提出的工作要求。政府要通过合理配置公共资源和有效运用行政力量，确保实现”。

此后的《中华人民共和国国民经济和社会发展第十二个五年规划纲要》（以下简称《“十二五”规划》）、《“十三五”规划》延续了这一做法，而且进一步增加了约束性指标在量化指标中的占比——从“十一五”的 36.4%持续上升至“十二五”的 50%和“十三五”的 52%。

（2）建立了“年度监测+中期评估+总结评估”机制

我国对发展规划开展现代意义的评估始于2003年国家发展改革委组织实施的《国家“十五”计划纲要》中期评估，开启了我国发展规划评估的先河。

2008年开展的《“十一五”规划》中期评估将规划中期评估工作推向规范化、制度化，评估的对象也由中央政府编制的国家发展规划扩展到省级以下政府编制的地方发展规划，并采取了自我评估与第三方评估相结合的方式。

“十二五”期间，在之前实践经验的基础上于2013年继续开展了《“十二五”规划》中期评估，并于2015年首次开展五年规划总结评估，正式将规划总结评估纳入规划评估体系。

2016年，国家发展改革委又组织启动了《“十三五”规划》年度监测评估。至此，我国已经基本形成“年度监测评估+中期评估+总结评估”的发展规划实施评估体系（杨永恒等，2019）。

（3）规划相关实施机制不断强化

2016年，为了进一步强化《“十三五”规划》的统领和约束作用，中共中央办公厅、国务院办公厅印发了《关于建立健全国家“十三五”规划纲要实施机制的意见》（以下简称《意见》），从明确实施责任主体、抓好重点任务落实、健全规划体系衔接等6个方面提出了有关要求。例如，在明确实施责任主体方面，《意见》要求各地区各部门要根据有关职责分工，制定《“十三五”规划》涉及本地区本部门的主要目标和任务实施方案，明确责任主体、实施时间表和路线图，确保规划各项目标任务落地；主要负责同志为第一责任人，班子其他成员按照分工抓好主要指标以及重大工程、重大项目、重大政策的落实工作。

在重点任务落实方面，《意见》要求各有关部门要将《“十三五”规划》中可分解到地方的约束性指标落实到各地，并加快完善相关指标的统计、监测和考核办法；要加强对预期性指标的跟踪分析和政策引导，确保如期完成。

在监督考核方面，《意见》要求将《“十三五”规划》实施情况纳入国务院大督查，建立《“十三五”规划》实施专项督查机制。各级审计机关要依法加强对规划实施情况的审计监督，并将《“十三五”规划》实施情况纳入各级领导干部考核评价体系，考核评价结果作为干部晋升和惩处的重要依据。

这些行政手段的运用无疑为《“十三五”规划》目标任务的顺利落实和完成提供了有力保障。

2.2.2　五年科技规划在目标管理方面的有关做法

在我国构建的“三级三类”规划体系中，国家五年科技规划属于落实国家总体性五年发展规划的“专项规划”之一。“十一五”以来，与 3 期国家总体性五年发展规划相伴随，国家科技部也牵头制定了 3 期五年科技规划。

与《中长期科技规划纲要》、国家总体性五年规划相类似，五年科技规划在目标制定上也采用了“总体目标+关键指标”的模式。由于在国家总体性五年规划中，与科技相关的指标全部定位为“预期性”指标，因此五年科技规划制定的发展指标也全部都是预期性的，不存在预期性与约束性之分。“十一五”以来，五年科技规划根据不同阶段的形势需求特点，制定了不同的发展指标，如表 2.1 所示。

表 2.1　历次五年科技规划指标设立情况

	指标		2010 年目标
“十一五”科技规划（2006—2010 年）	全社会 R&D 投入/GDP	—	2%
	对外技术依存度	—	40%以下
	国际科学论文被引用数	—	世界前 10 位
	本国人发明专利年度授权量	—	世界前 15 位
	科技进步对经济增长的贡献率	—	45%以上
	高技术产业增加值/制造业增加值	—	18%
	科技人力资源总量	—	5 000 万人
	科技活动人员总量	—	700 万人
	从事 R&D 活动的科学家和工程师全时当量	—	130 万人年
“十二五”科技规划（2011—2015 年）	指标	2010 年基线	2015 年目标
	研发经费与国内生产总值的比例/%	1.75	2.2
	每万名就业人员的研发人力投入/人年	33	43
	国际科学论文被引用次数世界排名/位次	8	5

续表

	指标	2010年基线	2015年目标
“十二五”科技规划（2011—2015年）	每万人发明专利拥有量/件	1.7	3.3
	研发人员的发明专利申请量/（件·百人年）$^{-1}$	10	12
	全国技术市场合同交易总额/亿元	3 906	8 000
	高技术产业增加值占制造业增加值的比重/%	13	18
	公民具备基本科学素质的比例/%	3.27	5
“十三五”科技创新规划（2016—2020年）	指标	2015年基线	2020年目标
	国家综合创新能力世界排名/位	18	15
	科技进步贡献率/%	55.3	60
	研究与试验发展经费投入强度/%	2.1	2.5
	每万名就业人员中研发人员/人年	48.5	60
	高新技术企业营业收入/万亿元	22.2	34
	知识密集型服务业增加值占国内生产总值的比例/%	15.6	20
	规模以上工业企业研发经费支出与主营业务收入之比/%	0.9	1.1
	国际科技论文被引次数世界排名/位次	4	2
	PCT专利申请量/万件	3.05	翻一番
	每万人口发明专利拥有量/件	6.3	12
	全国技术合同成交金额/亿元	9 835	20 000
	公民具备科学素质的比例/%	6.2	10

与此同时，五年科技规划的实施机制设计也在不断地调整完善。《“十三五”科技创新规划》从3个方面提出了加强规划实施与管理的要求：

一是健全组织领导机制。在国家科技体制改革和创新体系建设领导小组的领导下，建立各部门、各地方协同推进的规划实施机制。各部门、各地方要依据《“十三五”科技创新规划》，结合实际，强化本部门、本地方科技创新部署，做好与规划总体思路和主要目标的衔接，做好重大任务分解和落实。充分调动和激发科技界、产业界、企业界等社会各界的积极性，最大限度地凝聚共识，广泛动员各方力量，共同推动规划顺利实施。

二是强化规划协调管理。编制一批科技创新专项规划，细化落实《“十三五”科技创新规划》提出的主要目标和重点任务，形成以“十三五”国家科技创新规划为统领、专项规划为支撑的国家科技创新规划体系。建立规划符合性审查机制，科技重大任务、重大项目、重大措施的部署实施，要与规划任务内容对标并进行审查。健全部门之间、中央与地方之间的工作会商与沟通协调机制，加强不同规划间的有机衔接。加强年度计划与规划的衔接，确保规划提出的各项任务落到实处。建立规划滚动编制机制，适时启动新一轮中长期科技创新规划战略研究与编制工作，加强世界科技强国重大问题研究。

三是加强规划实施监测评估。开展规划实施情况的动态监测和第三方评估，把监测和评估结果作为改进政府科技创新管理工作的重要依据。开展规划实施中期评估和期末总结评估，对规划实施效果做出综合评价，为规划调整和制定新一轮规划提供依据。在监测评估的基础上，根据科技创新最新进展和经济社会需求新变化，对规划指标和任务部署进行及时、动态调整。加强宣传引导，调动和增强社会各方面落实规划的主动性、积极性。

2.3　问题与需求现状分析

2.3.1　当前发展规划实施中存在的突出问题

虽然针对发展规划的组织实施，我国政府采取了若干举措，如设定约束性指标、制定配套政策、强化执行监测评估等，有力扭转了以往发展规划“制定时重要，实施时次要，评估时不要”等现象。但是，目前在发展规划的组织实施过程中仍然存在着一些深层次的、不容忽视的突出问题。

（1）规划评估面临“归因”困境

如前所述，为强化发展规划的组织实施，我国政府建立了“年度监测评估+中期评估+总结评估”机制。如从 2003 年开始，我国首次正式对《“十五”计划》开展中期评估；2008 年，国家发展改革委牵头开始在全国范围对《“十一五”规划》进行中期评估；2015 年开始对《“十二五”规划》进行总结评估；最近一次规模较大的评估活动是 2018 年组织开展的《“十三五”规划》

中期评估。与之相伴随，科技、教育、农业等各领域的专项规划，也都纷纷开始按要求开展相关评估。

但是，这些规划评估活动受到了不少学者的质疑，被认为“严肃性和约束力不足”，一些地方政府开展的规划评估“流于形式”，存在评估方法和程序不够严谨等缺陷（朱敏，2013）。李善同和周南（2019）也认为，虽然发展规划实施评估工作的启动在扭转我国发展规划领域长期存在的“重编制、轻实施和评估”等问题上取得了一些成效，但是由于体制机制的原因，发展规划实施评估仍然存在着一些亟待解决的关键问题，在一定程度上影响了发展规划实施评估的权威性和实施效果。

当前，困扰发展规划实施评估的一个最大难题是规划实施效果的“归因”问题。在一些规划评估实践中，人们经常简单地将发展结果与规划目标进行比较（即所谓的“一致性”评价），如果两者“一致”就认为规划实施获得成功。这种无视“归因”问题、想当然地把所有发展成绩的取得都归功于规划制定与实施的做法，很可能会得出荒唐错误的评估结论。以假设某地方政府编制的《生态环境科技发展规划》为例：在规划实施过程中，很可能规划中确立的“蓝藻暴发控制关键技术攻关”等任务并未得到有效落实，但由于规划实施年份降水量增多、气温偏低等原因，导致“××湖泊蓝藻暴发次数明显减少”等目标“碰巧”顺利实现；如果据此评估认为该科技规划“顺利有效实施，目标成功实现”，那就太天真了。正因为如此，国内学者张可云（2018）对国内开展的《“十三五”规划》中期评估的科学性提出了质疑和批评，认为不能直接武断地把各级政府出台的公共干预措施产生的效果“胡子眉毛一把抓”地都算作规划实施的效果，更不能简单地将基年与报告年的指标进行对比。

其实在规划评估领域，国内外学者已经进行了一些探索。Alexander 和 Faludi（1989）提出了规划评估的 PPIP 模型，但由于该模型过于复杂、难以操作，从未在实践中运用过。在国内，相伟（2012）提出了“结果—效果—过程”（REP）的规划评估模式——结果评估判别是否实现了规划目标、哪些领域实现了规划目标、哪些领域没有实现规划目标、各领域规划目标实现的进度等，按照规划内容进行逐项评价，属于浅层次评估；效果和过程评估则评价规划实施后对经济社会发展产生的综合效果和规划实施过程的合规性、合法性，是深层次的评估。但是，这些研究仍未有效解决规划评估中的“归因”难题。

（2）规划执行存在“黑箱”现象

规划评估的“归因”困境来源于规划执行过程中的“黑箱”问题。众所周知，发展规划并没有强制执行力，只是政策引导性的纲领性文件。换言之，在发展规划发布之后，除了极少数的几个约束性指标之外，各部门、各地方、各企事业单位等各类规划执行主体是否落实规划中的目标任务主要凭自身的意愿和兴趣，自由度非常大，缺乏刚性的约束。这就带来了规划实施过程中的“黑箱”问题。

如果把规划执行主体（一般主要为各中央部门、地方政府等）制定出台的公共干预措施（包括各类计划、项目、政策、工程和专项行动等）看作发展规划实施的产出（output）的话，那么哪些干预措施是受规划引导产生的？而哪些干预措施的出台又与规划没有关系？换言之，在规划制定发布之后，各部门、各地方出台了哪些公共干预措施来落实规划？规划中的任务内容哪些真正得到了大家的响应，哪些没有得到响应？这些目前都难以切实掌握。在规划发布实施之后，大家是否都在做正确的事？是否都在正确地做事？所做的事又是否都产生了正确的结果？这些都不得而知。规划的执行过程宛如一个谜之“黑箱”。

既然各级政府部门制定出台的各类公共干预措施与发展规划之间的关系难以厘清，那么这些公共干预措施实施之后取得的成效与发展规划之间的关系也必然难以厘清。规划执行过程中的“黑箱”问题既是造成规划实施效果“归因”困难的关键，也是当前大家对规划实施评估科学性产生怀疑的“焦点”所在。换言之，要想解决规划实施评估的“归因”难题，就必须先解决规划实施过程中的“黑箱”问题。

（3）“高压式”考核衍生短期投机行为

虽然我国近年对发展规划的实施机制给予了高度重视，也制定出台了许多具体举措。但是，总的来看，目前我国发展规划的“有力”组织实施机制仍然是以“高压式”的行政手段为主——在发展规划中设立约束性指标的独特做法，仍体现出浓厚的计划体制色彩；对规划执行情况开展专项大督查、将规划实施情况纳入各级领导干部考核评价体系并将考核结果作为干部晋升惩处重要依据……这些机制和做法更是将行政化的手段运用到了极致。

但在实践中，这种“要我干”的高压式手段并不一定都能奏效，有时反而会适得其反。在不合理的高压目标下，地方政府可能迫于考核压力搞短期投机行为——例如“十一五”期间，为了实现节能减排的目标，许多地方采取了拉闸限电的措施；为了完成环境污染指标，甚至临时关闭大量工厂，等考核结束后再重新恢复。又如，三北防护林地带由于土地贫瘠，本适合种植灌木或抗干旱的草类，但在以森林面积作为考核标准的制度背景下，地方官员却选择种植速生乔木，结果降低了地下水位，反而加速破坏了当地脆弱的生态系统。

不同于正面绩效，促成绩效指标的成本和意料外的后果并不会被考察，执行机构有动力主动忽略它们，这意味着在实现目标的过程中，目标指向的政策问题有可能进一步恶化或被新的问题所替代（李倩，2016）。

2.3.2　在科技规划制定与实施中引入目标管理的必要性

规划实施效果难以归因、规划执行过程宛如“黑箱”、迫于考核压力搞短期行为……这些问题的出现并不意味着规划这个宏观调控工具本身错了，而很可能是规划在机制设计上出现了问题，即由于目前规划的实施机制设计不够完善，使得规划在实施过程中的可操作性、可监测评估性不强，进而导致了上述执行过程中的各种问题的出现。

从“十一五”开始，国民经济社会发展五年“计划”改为五年“规划”。“计划”与“规划”虽然只有一字之差，但却有着本质区别。在“计划”模式下[①]，“计划”是指令，必须不折不扣、无偏差地执行，最终导致死板和僵

① 本文所称“计划”模式，指在计划经济体制下制定和实施发展规划的模式，如中华人民共和国成立之初制定的“一五”计划、“二五”计划，以及《十二年科技规划》等。与之相对应，本文所称“规划”模式，指在市场经济条件下制定和实施发展规划的模式，如2006年制定的《中长期科技规划纲要》、国民经济社会发展“十一五”总体规划等，这些规划仅具引导作用，无强制执行力。在1993年社会主义市场经济地位正式确立后制订的国家“九五”计划、“十五”计划等则属于“计划”到“规划”模式的转型过渡阶段。

化，可以说是“一收就死”。在“规划”模式下，由于缺少了“计划”指令时代的强制执行力，如果没有一个好的机制设计就会导致各种实施乱象的出现，即“一放就乱”。开弓没有回头箭，我们当然不可能再退回到原来的计划经济模式，再次陷入计划经济体制下“一收就死、一死就放、一放就乱、一乱就收”的循环怪圈。(《十二年科技规划》等在计划经济时代制定的中长期科技规划虽然名为“规划”，但其组织实施是在计划经济体制下开展的，具有强制性和指令性，因此实质上仍属于“计划”模式。)

作者认为，当前发展规划实施过程中出现的各种问题的根源是：在旧有的“计划”模式退出后，新的“规划”模式并没有真正完全、有效地建立起来。换言之，在“计划”模式到“规划”模式的范式转型过程中，新的真正有效的规划实施机制、新的范式并没有建立起来。急需通过机制创新（如改造现有的机制或者引入新的机制等），实现当前规划实施机制的优化完善，进而消弭规划实施过程中滋生的各种问题和乱象。

从另一方面来看，市场经济条件下制定的五年科技规划作为落实国民经济社会发展五年总体规划的众多专项规划之一，难以像五年总体发展规划一样，出台类似“一把手”负责制、开展国务院大督查、将规划实施情况纳入各级领导干部考核评价体系并作为干部晋升惩处重要依据等“硬性”的行政手段。因此，必须从完善机制设计的角度，通过科学的理论方法和先进的管理经验来提升科技规划的实施效率和效果。

然而如前文所述，当前在我国，影响科技规划制定与实施质量的不仅仅是责任心和重视程度等方面的问题，缺乏理论的指导也是一个非常重要的原因——针对科技规划实施的理论研究，特别是从规划管理者角度出发的理论研究极其匮乏。因此当前急需开展和加强科技规划管理方面的理论建设。

作者认为，德鲁克提出的目标管理理论恰好可以弥补科技规划在管理理论上的缺失。德鲁克认为（1954），“目标管理的主要贡献在于，我们能够以自我控制的管理方式来取代强制式的管理”。换言之，目标管理的主要贡献在于，能够将强制式的“要我干”转变成自我控制式的“我要干”，而这正好与发展规划“既不能管得太死，又不能放任不管”的管理需求特征高度吻合。因此在我国已经用“规划”模式代替“计划”模式的特殊背景下，推行灵活的发展规划目标管理机制代替强制式的行政化手段，是十分必要的。遗憾的是，在近些年的规划实践中，虽然我国政府对发展规划的目标内容编制给予了充分关注，但是对于将“目标”作为发展规划管理的重要手段和工具却并未给予应有的重视和强调，更没有形成科学有效的目标管理机制。

另外，从政府公共管理和科学技术的发展趋势来看，在科技规划的制定与组织实施中引入目标管理也是大势所趋。党的十九届四中全会提出了“将推进国家治理体系和治理能力现代化作为全面深化改革的总目标”的要求，而发展规划的“重制定、轻执行”以及执行与评估“流于形式”等现状显然并不符合这一要求。通过管理的“精细化”实现精准施策，提高政府公共管理的实施效率和绩效，已经在全球范围内成为公共管理的大趋势。“精细化政府”能更严格地控制目标偏差，细化目标，细化环节，建立明确的责任分工，从而量化责任，也能够进一步处理好政府与市场、政府与社会的关系，为实现治理能力和治理体系现代化奠定基础（刘银喜等，2017）。同时，在现代社会，科学技术不仅扮演着越来越重要的角色，而且日益体现出“大科学”的特征；与之相伴随，科技规划目标任务内容的深度与广度也在急剧扩张，管理的难度和复杂性也在与日俱增，急需引入包括目标管理等在内的科学化管理工具和手段，以提高其实施效率和绩效。因此，在科技规划的制定和组织实施中引入目标管理理论，实现“每一分子都有不同的贡献，但是所有的贡献都必须为了共同的目标”“每一项工作必须以达到整体目标为目标”（德鲁克，1954），促进科技规划制定与组织实施管理从“粗放式”转向“精细化”，进而提高科技规划的执行效率，不仅是落实党中央要求、推进国家治理体系和治理能力现代化的题中应有之义，也是当今世界范围内政府公共管理和科学技术创新发展的大趋势与内在要求。最后，大数据等现代化信息技术手段的出现，也为实现这一目标提供了便利条件和有力支撑。

综上，当前在我国科技规划的制定与组织实施之中，急需科学、对症、适用的理论指导。分析表明，德鲁克提出的目标管理理论是一个较为对症而且符合党中央要求、符合国内外政府公共管理和科学技术发展趋势的潜在解决方案，有必要引入到我国科技规划的制定与组织实施之中。

2.3.3　当前我国科技规划在目标管理方面的基础现状

虽然近年来我国发展规划的制定与管理水平在不断提升，但梳理发现，目前国内在发展规划目标管理方面的实施基础仍然较为薄弱，存在着不少体制机制方面的问题，未来具有较大改进空间。

（1）目标设置存在缺陷与不足

李倩（2016）认为，目前我国在发展规划的目标设定上，主要存在目标清晰度和因果性两个方面的问题。具体包括：

在目标清晰度方面，我国战略规划的目标体系往往过于强调宏观性、战略性和策略性。首先，客观目标较少，习惯用“基本”“较快”等模糊修辞来取代具体目标；其次，目标体系中的优先次序也不明确，常常试图覆盖所有的领域，以《中长期科技规划纲要》为例，仅重点领域就高达 11 个、优先主题高达 60 余个，此外前沿技术多达 8 个领域、近 30 类，另外还包括重大专项 16 项、基础科学前沿 18 项、重大科学研究计划 4 项，如此无所不包的科技规划很难想象会有足够的资源支撑，难以做到重点突出。

在目标因果性方面，首先，规划目标中选取的指标不能完全反映绩效，特别是所选取的指标以“投入”型为主，缺少必要的质量指标。其次，不同层级之间的政府规划，不考虑本级实际情况，一味照抄上级规划。这种情形下设计的目标，显然与实际需求关联不强。最后，规划中对目标与手段之间的因果性不加以详细和深入地论证。

除上述问题外，作者认为，我国科技规划在目标设置上还存在以下问题：

一是部分目标指标难以科学测量。规划目标指标不仅存在上述清晰度方面的问题，而且还存在测量方面的问题。例如，在《中长期科技规划纲要》《国家“十一五”科技规划》制定的几个主要发展指标中，“对外技术依存度”（武夷山，2012）与“科技进步对经济增长的贡献率”（许平祥等，2008）两个指标的测算方法一直存在着争议，以至于《国家“十二五”科技规划》在发展指标中将这两个指标剔除。

二是未建立目标分解与执行体系。纵观“十一五”以来我国制定的 3 个五年科技规划及 2006 年制定的《中长期科技规划纲要》，不仅没有对规划目标进行分解，而且更关键的是，没有建立规划的执行落实体系。如果规划目标在设定后不设计具体的执行落实路径，则规划的可操作性和可执行性，无疑将会大打折扣。

三是未明确详细的目标责任归属。由于没有对科技规划的目标进行分解，也没有建立规划目标相应的执行体系，因此在科技规划的实施过程中，各级、各类规划执行主体的责任归属，亦难以进行明确和分配，由此带来的推诿扯皮、交叉重复、拖沓低效等弊端亦势必难免。

（2）上下级规划之间未形成目标关联

如前所述，目前我国已经形成了“三级三类”的发展规划体系，在科技规划领域，也形成了类似的规划体系。如国务院印发《“十三五”国家科技创新规划》后，科技部等部门按照要求，相继制定了 32 个不同领域的科技创新专项规划，形成了“1+32”的科技规划体系格局。但是，对这 32 个专项规划的目标内容进行对比分析后发现，没有一个专项规划在设定目标时明确说明对《“十三五”国家科技创新规划》目标的具体贡献关系，或者说明支撑实现《“十三五”国家科技创新规划》中的具体哪一个规划目标。

不仅科技发展规划如此，国家综合性发展规划也存在这一问题现象。为贯彻落实国家《“十三五”规划》，有关部门制定了 61 个国家级专项规划（其中 16 个重点专项规划以国务院名义发布、45 个其他专项规划以部门名义发布）。作者对这些专项规划的目标内容进行分析后发现，除了少数几个与约束性指标密切相关的规划外，同样没有一个国家级专项规划明确说明对国家《“十三五”规划》目标的具体贡献关系。

上下级规划目标之间明确贡献关系的断裂缺失不利于对规划目标任务的执行落实情况进行监管，容易导致专项规划目标的“碎片化”——由于没有明确描述出对具体国家顶层规划目标的贡献关系，各专项规划在制定目标任务时的自由度和随意性非常大，很容易出现各自为政、分散重复等现象，甚至可能打着落实上级规划的“旗号”干着本部门领域的“私活”，进而造成财政投入的低效与浪费。

（3）配套实施文件缺失

为便于各类科技规划执行主体更好地理解和更准确地执行科技规划中

的各项目标任务，在科技规划发布之后，有必要制定不同内容方面与时间跨度的配套实施文件。但是，在我国的科技规划历史实践中，只有 1956 年制定的《十二年科技规划》制定了年度工作计划，2006 年制定的《中长期科技规划纲要》制定了配套政策，其他各期中长期科技规划和“十一五”以来的各期五年科技规划均未见有类似的配套实施文件。

在年度实施计划方面，虽然每年科技部均组织召开全国科技工作会议，讨论形成年度工作的计划安排，但其内容并不是对照五年科技规划目标任务内容制定的，无论是围绕五年科技规划还是《中长期科技规划纲要》，均未见制定相应年度的执行计划。这一现象不仅存在于科技规划领域，在国家的综合性五年规划及其他领域的专项规划中也同样存在——由于发展规划涉及方方面面，日常开展的业务工作一般或多或少都会和发展规划相关，如果把日常业务的年度工作计划等同于执行发展规划目标任务的年度实施计划，即以业务“代”规划，而非以规划“带”业务，那么发展规划的指导作用与意义就会大打折扣。

发展规划年度实施计划等配套文件的缺失既不利于对发展规划的目标任务及时进行动态调整，也不利于各级各类规划执行主体在各个年度及时、准确地理解和落实规划中的各项目标任务，科技规划的引领和指导作用也将进一步弱化。

（4）规划目标在执行过程中的“脱节”

我国政府绩效管理虽然起步较晚，但正日益受到重视，近年取得了持续进步——2015 年财政部发布了《中央部门预算绩效目标管理办法》，加强了对中央预算项目支出、部门整体支出绩效目标的管理考核。但遗憾的是，关于绩效目标的设定，该管理办法仅做了笼统性的模糊规定——“绩效目标要符合国民经济和社会发展规划、部门职能及事业发展规划等要求”，并未要求各项目支出、部门整体支出明确说明对哪些规划中的哪些具体目标做出贡献。

这样容易造成预算项目支出以及项目所属的科技计划等与部门、国家规划目标“脱节”的风险。由于每个科技计划有其自身的管理目标和运行方式，倘若规划实施监控不到位，各科技计划极可能只关注自身目标而搁置规划目标，导致实际执行与规划脱节（黄宁燕等，2014）。由于预算项目支出、科技计划与规划目标之间缺乏具体明确的“贡献”关系，各部门的预算项目支出和科技计划，具体支撑着部门规划、国家规划中的哪些具体目标，或者反过来，部门规划、国家规划中的目标具体由哪些预算项目、科技计划来支撑落实，均不得而知（即前述的“黑箱”问题）。科技项目、科技计划与规划目标的脱节将使科技规划目标存在“被架空”风险，最终落入“纸上画画、墙上挂挂”的尴尬境地。

这一“脱节”风险在国家综合性五年发展规划中也同样存在。虽然国民经济社会发展五年总体规划设立了约束性指标，如在国家《“十一五”规划》中设立的 22 个指标中，有 8 个为约束性指标。但在规划实施过程中，我国政府仅对这 8 个指标进行了“硬性”的层层分解、层层考核，其余 14 个预期性指标均未进行“硬性”的分解和考核。这 8 个约束性指标显然不能代表整个发展规划的全部目标和内容。另外，这些约束性指标也仅仅是进行了层层分解和考核，对于具体的执行落实过程——即与有关公共干预措施（计划、项目、政策、行动等）之间的关联问题并未提出相关强制性的机制要求，因此同样难以从根本上解决上述规划执行过程中的“脱节”问题和规划实施效果的“归因”难题，反而可能催生前述的短期投机行为。

（5）缺乏相应的目标实现保障机制

除了上述问题与不足之外，目前我国在科技规划目标管理的保障机制方面也存在着诸多缺陷。

首先是缺乏统筹管理的组织保障。目前我国国家级的科技规划从编制起草、组织实施到监测评估等各环节的工作，实质上均由国家科技部牵头。虽然 2018 年政府机构改革后科技部的职能有所增强，但仍难以高效、有效协调其他平级政府部门，不利于科技规划实施过程中的资源统筹和政策协调，也不利于各项规划目标的督促推进和顺利实现。

其次是监测评估机制不够完善。目前五年科技规划的年度监测、中期评估、总结评估等活动均是跟随国家综合性五年发展规划的评估节奏开展，未形成固化的制度。而且国家综合性五年发展规划评估存在的问题现象同样也存在于五年科技规划的评估活动之中——由于规划执行过程中科技计划、项目与规划目标可能“脱节”，规划实施效果在评估时难以进行归因，因此只能主要依靠评估人员和专家的主观判断，难以让人信服。

另外，信息公开机制有待建立。无论是科技规划的年度监测、中期评估还是总结评估，相关监测评估报告等信息目前均未向社会公开，不利于社会公众和科技界了解各项规划目标任务的实施进展和开展外部监督。

综上所述，当前我国科技规划在组织实施机制方面，尤其在开展目标管理方面，基础较为薄弱，在实施机制顶层设计和规划目标的落实落地落细上存在着若干缺陷与不足，急需进行优化调整和完善。

2.4　本章小结

虽然 1956 年制定的《十二年科技规划》获得了巨大成功，但这种计划经济模式下的成功在当下显然是难以简单复制的。“十一五”以来的科技规划以及国民经济社会发展五年总体规划的实践显示，我国在规划的组织实施机制方面进行了一些探索，也积累了若干具有特色的机制，如约束性指标的设定、“年度监测+中期评估+总结评估”模式机制等。

但是，在这些机制探索之外，我国科技规划的实施仍然存在一些不容忽视的突出问题，如规划执行过程中的“黑箱”问题，及其进一步导致的规划实施效果的“归因”难题，它们使得当前开展的规划实施评估的科学性遭受质疑。

此外，当前在我国发展规划的组织实施机制之中，计划经济模式下的烙印依旧明显——无论是层层分解、层层考核的约束性指标还是国务院大督查、各级领导干部考核评价，都体现出管理手段的强硬性。但是，这种“要我干”的压制式管理并不一定都能带来好的效果，有时反而适得其反，衍生出短期行为等问题。在这种现实背景下，能够用“自我控制的管理方式”来取代强制式管理的目标管理理论便体现出其他管理理论所难以比拟的优势，极有必要引入当前我国科技规划的制定与组织实施之中。这也符合我国全面深化改革以及全球政府公共治理的发展趋势和要求。

但是，当前我国科技规划在目标管理方面的实施基础较为薄弱，存在许多问题与缺陷，包括：目标设置方面先天不足，如目标含混不清，难以测量，落实执行机制缺失，责任归属不明等；规划与规划之间目标脱节，实施中规划目标又进一步与计划、项目相脱节；不仅规划执行的配套文件缺失，在目标任务的组织保障、监测评估等方面也存在明显的机制缺陷。因此需要我们立足全球视野，寻找国外的有关先进经验以资借鉴。

在本书的以下内容中，将针对日本、美国和欧盟这 3 个发达国家和地区的有关发展规划典型案例进行分析，探究目标管理理论与机制在其规划历史演进中的实践情况，力争在验证目标管理理论在科技规划制定与组织实施中适用性的同时，寻找到可资借鉴的有关模式与经验。

第 3 章　日本科技基本计划的目标管理机制研究

《科学技术基本计划》[①]（以下简称《科技基本计划》）是日本的一项重要的政府专项规划，每五年制定一期，类似于我国的五年科技规划。迄今为止，日本政府已经连续发布实施了五期《科技基本计划》，其目标管理机制和经验对我国具有较强的借鉴意义。

3.1 《科技基本计划》的发端

1995 年 11 月 15 日，日本国会通过《科学技术基本法》。该法规定：为综合性、有计划地推进相关科学技术振兴政策，政府必须在着眼于未来十年科技发展的基础上，每五年制订一期关于科学技术振兴的基本计划，而且在基本计划中应确定以下事项：① 关于推进研究开发的综合方针；② 为了建设完善科研基础设施与设备，促进相关研发的信息化以及营造其他促进研发的环境，政府应该综合性、有计划性采取的措施；③ 其他科学技术振兴相关的必要事项。

① 日文原文为“科学技術基本計画”，国内一般译为《科学技术基本计划》。虽然名为“计划”，但其在内容与性质定位上与我国的五年科技规划相似，主要对日本未来五年的科研方向、科技政策、人才培养及基础能力建设等多个方面做出宏观战略部署，一般不涉及具体项目（课题）的立项与经费分配等。

3.1.1 第1期《科技基本计划》目标任务概述

根据《科学技术基本法》的规定，时任日本首相桥本龙太郎就制订科技“基本计划”咨询了科学技术会议。科学技术会议在综合计划部门会议和基本问题分科会上进行了讨论，于1996年6月提出“基本计划草案”，并在次月的内阁会议上获得通过（中国研究与樱花科技中心，2019）。第1期《科技基本计划》（执行周期1996—2000年）首先分析了日本国内外面临的严峻挑战，包括人们对科技发挥作用的期待日益高涨、全社会研发投入持续减少、科研设施老旧、科研后备力量薄弱等，继而提出为应对上述挑战，需要国家发挥出更大的作用，以变革为导向，综合性、有计划性和积极地推进科技政策。

（1）研究开发推进的基本方向

第1期《科技基本计划》提出，为实现日本政府提出的“科学技术创造立国”宏伟目标，实现《科学技术基本法》第1条提出的“提高日本科学技术水平，在促进日本经济社会发展、改善国民福祉的同时，为世界科学技术的发展和人类社会的可持续发展做出贡献”的目标，未来五年日本需要重点投入研发资源，强力推进以下响应经济社会需求的研发开发：① 要推进有利于产生独创性、变革性技术的相关科学技术的研发；② 要推进有利于解决诸多全球性问题的科学技术的研发；③ 要推进有利于解决公共安全、生命健康、防灾减灾等诸多问题的科学技术的研发。同时，考虑到基础研究对于人类文化发展的贡献，以及基础研究在维系人类与自然之间的和谐、实现可持续发展方面的重要性，还需要积极地振兴基础研究。

在推进研究开发方面，第1期《科技基本计划》提出，要依据科学技术会议咨问第18号——《对“关于面向新世纪的科学技术基本方策”的答复意见》，在振兴基础研究的同时，推进重点领域的研究开发。但是关于今后五年研究开发应关注的重点领域，第1期《科技基本计划》并没有明确指出，而是要求按照日本内阁总理大臣决策通过的《能源研究开发基本计划》（1995年7月18日）、《前沿基础科学技术研究开发基本计划》（1994年12月27日）等各项“研究开发基本计划”予以推进，并根据第1期《科技基本计划》提出的研究开发推进的基本方向进行修改，必要时可以制订新的研究开发基本计划。

（2）构建新的研究开发体系

第1期《科技基本计划》将内容重点放在了构筑新的研究开发体系上，提出要着力夯实研究开发的基础，营造科研人员充分释放创新活力的研发环境，具体包括：

——在构建促进原创性研发活动的研发体系方面，要求引入研究人员的任期制，大幅扩充各种竞争性资金，充实博士后等科研后备人才的培养，提出“博士后1万人援助计划”，等等。

——在构建部门、地方和国际合作交流体系方面，要求通过人的流动来促进科研成果在各部门（sector）之间的转移，提出要完善国家相关制度，促使大学与科研院所中的研究人员能够在私营部门顺利开展研究与指导等活动，优化公共财政资助产生的科研成果的知识产权处置，促进国有大型通用设施设备的开放与共享，建立有效吸引国内外科研人员的国家研究开发基地，等等。

——在实施公正严格的评价方面，提出要对现有的科技评价方式进行根本性改革，建立并充实评价标准；注重听取外部有识之士的意见，同时留意引入人文科学的视角；对于大规模且重要的项目，要开展实施主体以外的独立评价；制定全国研究开发通用的科技评价大纲性指针，等等。

第1期《科技基本计划》还提出要巩固研究开发的基础条件，包括建立和维护世界水准的高水平尖端科研设备，构建大学、研发机构之间的信息共享网络，加强科普教育等。要求日本政府大幅增加研发经费投入，在基本计划实施期间实现政府研发经费投入的倍增，即从1996年至2000年政府研发经费投入总额应达到17万亿日元的规模。

作为日本政府发布的首个科技基本计划，第1期《科技基本计划》的编制质量并不如人意，不仅没有明确提出发展的战略目标（仅仅援引了《科学技术基本法》中的有关表述），而且缺乏方向性，连今后重点推进什么都未明确；实施效果也堪忧，在提高日本的科研质量方面留下了诸多疑问，不仅如此，更新大学老旧设备的目标连10%都没有达到（中国研究与樱花科技中心，2019）。

3.1.2 第2期《科技基本计划》目标任务概述

第2期《科技基本计划》（执行周期2001—2005年）制定之时正值新旧世纪交替之际，知识经济等思潮方兴未艾；与此同时，日本国内大刀阔斧地进行了中央政府部门改革（其中新设立了“综合科学技术会议”）。在此背景下，第2期《科技基本计划》如期发布。随后，根据第2期《科技基本计划》确定的8个重点领域，日本政府还制定了配套实施的《各领域推进战略》。

3.1.2.1 第2期《科技基本计划》主要目标任务内容

第2期《科技基本计划》首次明确了战略规划目标，并围绕战略目标的实现制定了基本方针，以及重要的科技政策。

（1）战略目标

在总结20世纪日本的科技发展之路，并展望21世纪全球科技发展态势之后，第2期《科技基本计划》提出了“通过知识创造与运用对世界做出贡献的国家”“具备国际竞争力的可持续发展的国家”“安心、安全的高品质生活的国家”3个战略目标，作为日本科技发展的基本战略方向。

第2期《科技基本计划》对于上述每个战略目标的内涵定义、实现目标时应留意的注意事项及具体的目标内容指向等，都做出了明确的说明，以便于《科技基本计划》的各类执行主体更好地理解和把握战略目标的制定意图与定位特点。具体如表3.1所示。

表3.1 日本第2期《科技基本计划》三大战略目标的具体内涵

战略目标	定义	注意事项	具体内容
通过知识创造与运用对世界做出贡献的国家〈新知识的创造〉	通过科学，解释未知现象，发现新原理与法则等，产生新知识，并运用新知识解决众多问题挑战的国家。更进一步，将上述知识与智慧面向世界扩散，通过帮助解决人类共同问题，获得全世界信赖的国家	为实现上述国家目标，必须要形成科学在日本扎根、发育生长的机制。为此，必须营造尊重科学方法与思维，关心热爱科学的社会风气；同时还必须培育人才这一知识产出的源泉，构建形成以知识为基础平台的社会	以创造世界一流水平的高质量研究成果并向世界广泛传播为目标。例如，发表与投入相匹配的大量高品质论文，提高国际评价较高论文的比例，以诺贝尔奖为代表的国际科学奖获奖人数比肩欧洲主要国家（50年内30人获诺贝尔奖的程度），形成相当数量的吸引国外优秀科研人员聚集的研究据点

续表

战略目标	定义	注意事项	具体内容
具备国际竞争力的可持续发展的国家〈通过知识创造活力〉	克服当下经济社会存在的问题，创造高附加值的资产与服务，充分保障就业，在国际竞争环境中维持日本经济的活力，实现可持续发展，不断提升国民生活水平的国家	产业技术能力是日本产业竞争力的源泉，也是支撑国民生活的所有产业活动保持活跃的原动力。另外，从科技成果在社会转化应用角度看，产业技术亦十分重要。为保持日本经济活力，实现可持续发展，必须在技术创造到市场拓展的各个阶段形成技术创新不断涌现的环境，强化产业技术能力，培育具有国际竞争力的产业	以保持较强的国际竞争力为目标。例如，通过在质和量上充实 TLO 等技术转移机构，推进公立研发机构的专利转移，推动公立研发机构设立数量众多的风险投资企业等，促进公立研发机构的科研成果向产业大量转移；国际标准提案数量较多，国际专利授权数量增加，产业生产效率提高等
安心、安全的高品质生活的国家〈通过知识创造舒适社会〉	疾病防治能力跨越式提升，当老龄社会真正到来时国民能够健康地生活；自然及人因灾害带来的危害缩小到最低限度；食品、能源等人类活动的物质基础实现稳定供给；实现产业活动、经济发展与地球环境之间的调和，进而在全世界中保持稳定国际关系，人们可以安心、舒心地经营高品质生活的国家	为从根本上解决上述问题，发展科学技术并将之恰当地转化应用至社会之中，是非常重要的。换言之，必须阐明疾病、灾害的发生机制及其影响扩大机理并提出相应的对策，而科学技术正是为此提供手段。同时，科学技术也存在负面效应，必须切记采取适当的对应措施。另外，日本作为科学技术发达国家，在解决发展中国家等国际社会面临的诸多难题的同时，为维护国际地位和国家安全，也需要努力地灵活运用科学技术	以实现以下内容为目标：例如，形成能够查明各种致病基因并据此实现个性化医疗的科技基础，地震、台风等自然灾害损失实现最小化，通过灵活运用生物技术实现优良品质食物的稳定供给，降低科学技术的风险，等等

（资料来源：日本第 2 期《科技基本计划》）

根据上表中内容可以看出，第 2 期《科技基本计划》提出的战略目标的定义都是宏观层面定性描述的内容。其给出的目标具体内容也主要以定性描述为主，在数量方面，仅有 1 个定量指标（50 年内 30 人获诺贝尔奖）。

（2）基本方针

为实现上述 3 个国家战略目标，第 2 期《科技基本计划》提出了四大基本方针：

一是为提升研究开发投入的效果，对资源进行重点分配。具体包括：① 明确设定解决国家、社会问题的研究开发的目标，实现资源投入的重点化。② 在快速发展的科学技术领域，要确保预见性和机动性。③ 对挑战新知识、开拓新未来的高质量基础研究，要进一步重视。

二是形成世界一流成果的产出机制，扩大相应的基础性投资。具体包括：① 营造研究人员能够通过自由探索发挥最大潜能的竞争性研发环境，特别是要扩大青年科研人员在竞争性研发环境中发挥出能力的机会。② 人才是科技活动的基础，要通过科学技术相关教育领域的改革，确保优秀人才的培养；不同研究开发环境的历练对于科研人员的成长非常重要，因此要确保科研人员的流动性。③ 在更加竞争的前提下，实施高度透明的公正评价，提高评价的实际效果。④ 大学等研发机构的设施严重不足，要在明确重点的基础上进行改善。另外，要强化和充实以计量标准、生物遗传资源等为首的科学技术基础资源。

三是科学技术成果进一步地反馈应用于社会。具体包括：① 要为食品、经济、产业、环境、健康、安全等相关社会问题的解决做出贡献，通过构建更加紧密的产学研合作关系，强化产业技术能力。② 科技的振兴离不开国民的支持，研究人员与技术人员要通过通俗易懂的语言传播科学技术的意义和内容，并将之作为自身的责任与义务。同时，要大兴科学技术学习之风，加深国民对科学技术的理解，形成国民对科学技术与社会相关问题做出科学、合理的主体性判断的基础。

四是推进科学技术活动的国际化。具体包括：① 产出世界一流的优秀成果，为克服人类面临的各种问题做出贡献，在努力开展主体性的国际合作活动的同时，也要强化对国际社会的信息传播。② 构建汇聚国内外优秀科研人员的世界一流研究环境。

（3）重要政策

基于上述基本方针，为实现三大国家战略目标，第 2 期《科技基本计划》提出了两方面的重要政策：一是科学技术的“战略性重点化”；二是推进科技体系改革和推进科技活动的国际化。具体内容如下：

① 科学技术的“战略性重点化”。

“战略性重点化”的具体策略有两个：一是推进基础研究。鉴于新的科学发现常常带来飞跃式发展，基础研究与产业化的联系正在日益增强，因此要确保一定的资源投入，积极推进基础研究。同时还要持续加强科研人才培养，公开、透明和科学的评价体系建设等。二是实行解决国家、社会问题的研究开发的重点化。为了保持经济、产业的活力，实现经济的可持续增长，使国民过上安心、安全的生活，必须对重点领域进行积极、战略性的投资，以推进相关研究开发。重点化的方针是，从实现三大战略目标所必需的科学技术领域中，评估遴选对于实现三大战略目标贡献特别大的领域，作为重中之重，优先配置研究开发资源。

第 2 期《科技基本计划》最终遴选确定了 4 个重点领域：一是有助于解决少子高龄社会中疾病防治与食品问题的生命科学领域；二是快速发展的，与发达信息化社会建设和信息通信产业、高技术产业增长直接相关的信息通信领域；三是维护人的健康，保障生活条件，维系人类生存基础不可或缺的环境领域；四是作为各领域广泛应用的基础、日本保有优势的纳米材料领域。

第 2 期《科技基本计划》在其第一章“基本理念”中对第 1 期《科技基本计划》进行了回顾，指出“第 1 期《科技基本计划》由于受到制定时间的制约，没有能够明确地给出国家重点推进的科学技术的目标。第 2 期《科技基本计划》以通俗易懂的方式，确定了解决国家、社会问题的研究开发的目标，并为此制定了必要的战略性、重点性的推进机制”。针对 4 个重点领域，第 2 期《科技基本计划》逐一阐明了确定本领域作为重点推进领域的背景、原因和重要性，明确列举了本领域具体推进的重点方向，并提出了在推进过程中应注意的事项。

以生命科学领域为例，第 2 期《科技基本计划》指出，21 世纪被称为“生命的世纪”，通过加深对生命的理解，预期能够带来医学上的跨越式发展，并有助于解决食品、环境问题。生命科学领域，是今后日本正式进入少子高龄社会后，确保国民能够健康、活跃地过上安心生活的重要领域。在该领域，虽然日本在水稻基因组、特定微生物基因组的解读和研究上略胜欧美一筹，但是在整体水平上却落后于欧美。美国凭借以 NIH 为代表的国家机构和成熟的风险投资活动，在世界上处于领导地位。欧洲凭借遗传性阿尔兹海默症研究、基因组信息数据库建设技术等，保持着不逊于美国的实力。2001 年 2

月，人类基因组测序结果公开发布。随后，各种各样生物品种的基因组信息开始持续不断地被迅速测定，并预计将取得更为广泛的研究进展。以基因组学为代表的尖端生命科学研究正在迅猛发展，必须根据日本的国情，采取重点的战略措施。

具体而言，在生命科学领域，2001—2005 年要重点推进以下方面的研发：一是蛋白质组学、蛋白质立体构造和疾病 – 药物反应性基因的发现，以此为基础实现新药开发和个性化医疗、功能性食品开发的基因组科学；二是使移植、再生医疗技术高度发达的细胞生物学；三是促进研发成果转化应用的临床医学与医疗技术；四是有利于保障食品安全和丰富饮食生活的生物技术，可持续生产技术等食品科学技术；五是脑功能的解析、脑发育障碍和老化的预防、神经关联疾病的克服、利用脑原理的信息处理与通信系统的开发等脑科学；六是支撑上述技术创新的、与处理海量基因信息的信息通信技术相融合的情报学等。

在推进生命科学时，国家在实施基础性、支撑性的研究开发之外，还要确保和培养交叉领域的研究人员、技术人员，夯实生物遗传资源等知识基础并促进其广泛利用，应对国际专利壁垒，在科学知识发现的基础上确保安全性并夯实相应的基础支撑，增进国民的理解，推进伦理方面的法规建设等。

除了上述生命科学等 4 个重点推进领域之外，第 2 期《科技基本计划》另外还确定了能源、制造技术、社会基础、前沿 4 个领域，指出这 4 个领域是日本的立国基础，必须在国家层面予以重视并推进相关的研究开发，并同样逐一阐明了这 4 个领域的重要性，明确列举了各领域推进的具体重点方向。

② 科研体系改革和国际合作的推进。

在科研体系改革方面，第 2 期《科技基本计划》提出了 7 个方面的改革措施：一是改革研究开发体系，建立有助于产生优秀成果的研发体系等；二是强化产业技术能力和改革产学研合作机制，建立完善从公立研究机构到产业的技术转移环境，建立有利于风险投资企业发展的环境等；三是构建区域科学技术振兴的环境，促进区域“知识簇”的形成等；四是改革优秀科技人才的培养机制，推进研究和技术人员的培养机制以及大学教育的改革等；五是建立科学技术与社会的沟通渠道，振兴公众对科技知识的学习，推进研究机构对社会的开放等；六是强化科技伦理与社会责任，注重强调生命伦理和研究人员、技术人员伦理，强化科研机构和科研人员的说明责任与风险管理等；七是夯实科学技术振兴的基础，加快大学、试验研究机构科研设施/设备的建设更新等。

在科技活动的国际化方面，第 2 期《科技基本计划》主要从积极开展国际合作、强化国际信息传播、国内研究环境的国际化 3 个方面予以具体推进。

3.1.2.2 《各领域推进战略》主要目标任务内容

根据第 2 期《科技基本计划》提出的“对于应对国家和社会问题的研究开发，设定明确的目标，积极确保资源的重点化”“综合科学技术会议基于基本计划确定的重点化战略，制定明确各重点领域的重点方向以及各重点方向的研发目标与推进方针策略等基本事项的推进战略”等要求，日本综合科学技术会议随后制定了与第 2 期《科技基本计划》配套实施的《各领域推进战略》。这份《各领域推进战略》逐一明确了第 2 期《科技基本计划》遴选确定的生命科学等 8 个重点领域应关注的“重点方向”，指出了在这些重点方向开展研发的必要性和紧迫性，以及具体的研究开发目标和推进方针策略等基本事项。

以“生命科学”这个排名居首的重点领域为例，上述《各领域推进战略》确定了“为实现充满活力的长寿社会，利用基因组学相关技术开发疾病的防治技术”等 7 个重点方向，并明确了各个方向的“研究开发目标”。如针对“为实现充满活力的长寿社会，利用基因组学相关技术开发疾病的预防与治疗技术”重点方向，从基因组解析、蛋白质构造与功能解析、细胞/组织/个体水平的解析、生物信息学、制药（特别是基因组制药）、精准医疗、再生医疗/基因治疗、功能性食品、预防/诊断/治疗技术 9 个方面制定了具体的研究开发目标任务。同时，针对推进生命科学领域研发的方针策略，提出了强化国家层面支持、有效开展产学研合作、健全研究成果反馈社会的体制机制、建立和扩充生物遗传资源等通用性基础资源 4 条基本事项。

综上所述，可以看出，第 2 期《科技基本计划》在规划目标的设定方面，相较于第 1 期《科技基本计划》有了明显的进步：不仅首次明确地提出了 3 个战略目标，而且对每个战略目标的内涵定义，实现时应留意的注意事项，以及具体目标内容指向等都做出了更进一步的阐释，同时还明确了未来 5 年日本科技发展应重点投入的 8 个领域。但是，第 2 期《科技基本计划》在规划目标的管理方面仍然存在着缺陷和不足——对于上述 3 个战略目标如何通过 8 个重点领域予以落实，如何确保战略目标切实得到重点任务与措施的支撑落实，第 2 期《科技基本计划》仍然缺失实施机制上的制度性安排；而且 8 个重点领域的各个“重点方向”的目标任务及其相关推进措施并没有进行部门分工，责任归属不明，也不利于相关目标任务的顺利落实。

一言以蔽之，在目标管理方面，虽然第 2 期《科技基本计划》较第 1 期《科技基本计划》有了长足进步，但尚未真正形成科学有效的目标管理机制。

3.2 “领域细分型”目标管理机制

2006 年 3 月 28 日，继第 2 期《科技基本计划》之后，日本内阁会议通过了第 3 期《科技基本计划》(执行周期 2006—2010 年)，继续对日本未来 5 年科技发展进行宏观指引。

3.2.1 第 3 期《科技基本计划》目标的逐层分解

第 3 期《科技基本计划》继承了第 2 期《科技基本计划》的三大战略目标，并在其基础上提出了新的“三大理念”：① 产生人类的卓越知识；② 创造国力的源泉；③ 守护健康与安全。

但是，与第 2 期《科技基本计划》不同的是，第 3 期《科技基本计划》设置了更为具体的细分目标——在三大理念之下，设立了“产生飞跃性的知识发现”等 6 个“大政策目标”，然后又进一步将大政策目标细化为“发现、阐释新原理/现象”等 12 个“中政策目标”，最后又将中政策目标分解为 63 个“个别政策目标”，具体如表 3.2 所示。

表 3.2　日本第 3 期《科技基本计划》政策目标体系

<table>
<tr><th>理念</th><th>大政策目标</th><th>中政策目标</th><th>个别政策目标</th></tr>
<tr><td rowspan="3">理念 1
产生人类的卓越知识</td><td rowspan="2">目标 ①
产生飞跃性的知识发现（积累开拓未来的知识）</td><td>（1）发现、阐释新原理/现象</td><td rowspan="2">① －1　通过知识积累形成技术创新的源泉，通过创造出世界性的“飞跃性知识”提高日本的存在感。
……
①－5　活用纳米领域特有的现象和特性，利用新动作原理创造出革新性的功能</td></tr>
<tr><td>（2）创造孕育技术的创新知识</td></tr>
<tr><td>目标 ②
突破科学技术的界限（挑战并实现人类的梦想）</td><td>（3）用世界最高水准的项目牵引科学技术</td><td>②－1　探求宇宙的极限领域。
……
②－6　构筑世界最高水准的生命科学基础</td></tr>
<tr><td rowspan="5">理念 2
创造国力的源泉</td><td rowspan="2">目标 ③
环境和经济的和谐共存（确保环境和经济可持续发展）</td><td>（4）克服地球变暖、能源短缺问题</td><td>③－1　致力于世界范围的地球观测，实现正确的气候变动预测及影响评估。
……</td></tr>
<tr><td>（5）实现与环境和谐的循环性社会</td><td>……
③－12　实现温室气体排放、大气和海洋污染的削减</td></tr>
<tr><td rowspan="3">目标 ④
革新者——日本（实现不断革新的、强韧的经济和产业）</td><td>（6）实现令世界倾倒的泛在网络社会</td><td>④－1　实现世界最便利、快捷的信息通信网络。
……</td></tr>
<tr><td>（7）实现制造领域世界第一的国家</td><td>……
④－14　构建循环型社会，活用生物技术，实现与环境协调的尖端制造技术</td></tr>
<tr><td>（8）通过科学技术，强化取胜世界的产业竞争力</td><td>④－15　利用生物技术，实现医药、医疗器械、服务，强化产业竞争力。
……</td></tr>
<tr><td rowspan="4">理念 3
守护健康与安全</td><td rowspan="2">目标 ⑤
康健一生的生活（实现从儿童到老年人都健康的日本）</td><td>（9）克服困扰国民的疾病</td><td>⑤－1　利用基因组信息探明生命体机能，克服癌症等生活习惯病和难以治愈的疾病，延长健康寿命。
……</td></tr>
<tr><td>（10）实现人人都能健康生活的社会</td><td>……
⑤－8　实现不受年龄、残疾制约，人人都可享受的普遍生活空间、社会环境</td></tr>
<tr><td rowspan="2">目标 ⑥
以安全为自豪的国度（打造成世界上最安全国家）</td><td>（11）确保国土和社会的安全</td><td>⑥－1　强抗灾害能力新型防灾、减灾技术的实用化</td></tr>
<tr><td>（12）确保生活的安全</td><td>……
⑥－10　巩固信息安全、保障网络社会安全</td></tr>
</table>

（资料来源：与日本第 3 期《科技基本计划》配套实施的《各领域推进战略》，第 3 页）

从表 3.2 中不难看出，第 3 期《科技基本计划》的目标自上而下地逐层分解、互相衔接、互为支撑。而且随着目标的不断分解，第 3 期《科技基本计划》提出的核心“理念”“大政策目标”，在细化至“中政策目标”尤其是“个别政策目标”后，已经从高度概括的抽象愿景层面，落实到了言之有物、有明确指向的具体行动和操作层面，从而破除了宏观政策目标由于过于空洞抽象而难以把握的弊端。

3.2.2 重点领域细分目标与规划细分目标的“对接”

（1）提出具体明确的研发目标与成果目标

在科研资源投入的重点化方面，第 3 期《科技基本计划》继续将第 2 期《科技基本计划》遴选确定的生命科学、信息通信、环境、纳米材料 4 个领域作为“重点推进领域”，将能源、制造技术、社会基础、前沿 4 个领域视为日本立国的基础，作为“推进领域”继续在国家层面予以高度重视，作为日本未来五年科研攻关的重点，大力推进相关研究开发。

值得注意的是，为推进这 8 个重点领域的科技创新，日本综合科学技术会议于 2006 年 3 月再次同步制定了与第 3 期《科技基本计划》配套实施的《各领域推进战略》。第 3 期基本计划的《各领域推进战略》从 8 个重点领域中遴选确定了 273 个“重要研发课题”（类似于我国《中长期科技规划纲要》中 11 个“重点领域”之下的“优先主题”）。这些课题都是由综合科学技术会议通过多种途径（技术预测、国际比较、社会调查等）精心挑选出来的具有紧迫性、广泛影响性，能够直接支撑实现政策目标的课题，是第 3 期《科技基本计划》实施期间（2006--2010 年）日本政府必须重点投资和关注的内容方向。

日本政府在遴选每个重要研发课题时，都重点考虑了其对实现政策目标的贡献——要求能够实现若干个第 3 期《科技基本计划》确立的“个别政策目标”。此外，每个重要研发课题还都设定了明确的“研发目标”和“成果目标”，以及各政府部门的责任归属。以 8 个重点领域之首的“生命科学”领域确定的前 3 个重要研发课题为例，其支撑实现的个别政策目标与设定的研发目标、成果目标等如表 3.3 所示。

表 3.3　“生命科学”领域前 3 项重要研发课题的内容示例

重要研发课题	要实现的个别政策目标	研发目标（●：中期研发目标；◇：最终研发目标）	成果目标
1. 探明基因组、RNA、蛋白质、糖锁、代谢产物等的构造、功能以及它们互相间的作用	①－4　在世界上率先理解生命的机理，确立新的知识体系。 ④－15　利用生物技术，实现医药、医疗器械、服务，强化产业竞争力。 ⑤－1　利用基因组信息探明生命体机能，克服癌症等生活习惯病和难以治愈的疾病，延长健康寿命	…… ◇ 到 2015 年，疾病病理的探明加速，诊断机器高度发达，实现药品创制过程的高度化，同时根据个人的特性，使生活习惯病等的预防、早期诊断、尖端的治疗技术，以及疑难病的早期诊断、尖端的治疗技术成为可能。（文部科学省、厚生劳动省、经济产业省）	◆ 到 2015 年，活用与疾病、药剂相关联的基因、蛋白质的分析结果，使新药创制实用化，并通过成果的迅速、高效临床应用，基于科学的观点和见解，提供新的预防方法与诊断方法，使创新性的医疗成为可能。（文部科学省、厚生劳动省、经济产业省）
2. 基于基因组信息的细胞等生命功能单位的再现、再造	①－4　在世界上率先理解生命的机理，确立新的知识体系	● 到 2010 年，揭示生命阶层（基因组、RNA、蛋白质、代谢产物等）的活动状态，将细胞和生命体作为系统进行理解。（文部科学省） ……	◆ 到 2015 年，将人、动植物、昆虫等作为生命体系统进行综合的理解，阐明生命的机理。（文部科学省）
3. 通过基因组分析比较，探明生命基本原理	①－4　在世界上率先理解生命的机理，确立新的知识体系	●◇ 到 2010 年，通过生物基因组的比较分析，从进化过程中分化的生物之间的基因组比较中提炼出全体生物的共同信息，从近缘种的比较中提炼出规定各生物固有形态的信息，以及从同种内个体间的基因组比较中提炼出与个体差别有关的信息，从而奠定探明生命多样性的基础。（文部科学省） ……	到 2015 年，进一步加速探明以新基因功能发现、生物进化、语言、大脑活动等为首的人类基因遗传特征，为克服生活习惯病做出贡献。（文部科学省） ……

（资料来源：与日本第 3 期《科技基本计划》配套实施的《各领域推进战略》，第 29 页）

考察 273 个重点研发课题设定的研发目标和成果目标，可以发现，这些目标多采用定性与定量相结合的方式确立。

例如，生命科学领域提出的“到 2010 年，要集中解析出基因组、RNA、蛋白质、糖锁、代谢产物等相互间的作用”“到 2010 年，分析和确定与日本人所患主要疾病（高血压、糖尿病、癌症、认知障碍等）相关联的蛋白质”“到 2010 年，开发出能在分子水平高效地探明糖锁、糖蛋白质等功能的技术”

等研发目标，虽然采用的是定性描述的方法，但这些目标的内容指向均具体明确，因而也具有较强的可考核性。

在信息通信等领域，由于拥有大量明确的技术指标，因此该领域研发目标和成果目标的制定方式，较多地采用了定量的方法。如："到 2010 年，实现 100 Tb/s 级的光路由器""到 2010 年，在现实环境实现高速移动时 100 Mb/s，低速移动时 1 Gb/s 传输速度的下一代移动通信技术""到 2015 年，实现能直接连接到静止轨道卫星的 300 克以下的小型卫星终端及其通信技术"等。由于提出了量化的目标数值，因此无论是在规划执行过程中开展监测，还是在规划实施结束时开展总结评估，都有较为明确的测量标准和考核依据。

总体而言，第 3 期《科技基本计划》8 个重点领域中的 273 个重点研发课题基本都确立了明确、具体和可考核的研发目标和成果目标。

（2）具体研发目标与规划目标实现"对接"

如前所述，遴选各领域重要研发课题的一个重要标准，就是"对实现政策目标的贡献"，即每个重要研发课题都必须能够支撑若干个"个别政策目标"的实现。换言之，只要实现了 273 个重要研发课题的研发目标和成果目标，就能有效支撑实现第 3 期《科技基本计划》提出的 63 个个别政策目标、12 个中政策目标、6 个大政策目标，最终实现三大理念。

以表 3.3 中"生命科学"领域的前 3 项重要研发课题为例：第 1 个重要研发课题"探明基因组、RNA、蛋白质、糖锁、代谢产物等的构造、功能以及它们互相间的作用"分别支撑第 1 个大政策目标下的第 4 个"个别政策目标"（①－4 在世界上率先理解生命的机理，确立新的知识体系）、第 4 个大政策目标下的第 15 个"个别政策目标"（④－15 利用生物技术，实现医药、医疗器械、服务，强化产业竞争力），以及第 5 个大政策目标下的第 1 个"个别政策目标"（⑤－1 利用基因组信息探明生命体机能，克服癌症等生活习惯病和难以治愈的疾病，延长健康寿命）的实现。

第 2 个重要研发课题"基于基因组信息的细胞等生命功能单位的再现、再造"、第 3 个重要研发课题"通过基因组分析比较，探明生命基本原理"均只支撑实现第 1 个大政策目标下的第 4 个"个别政策目标"（①－4 在世界上率先理解生命的机理，确立新的知识体系）。

其支撑关联关系具体如图 3.1 所示。

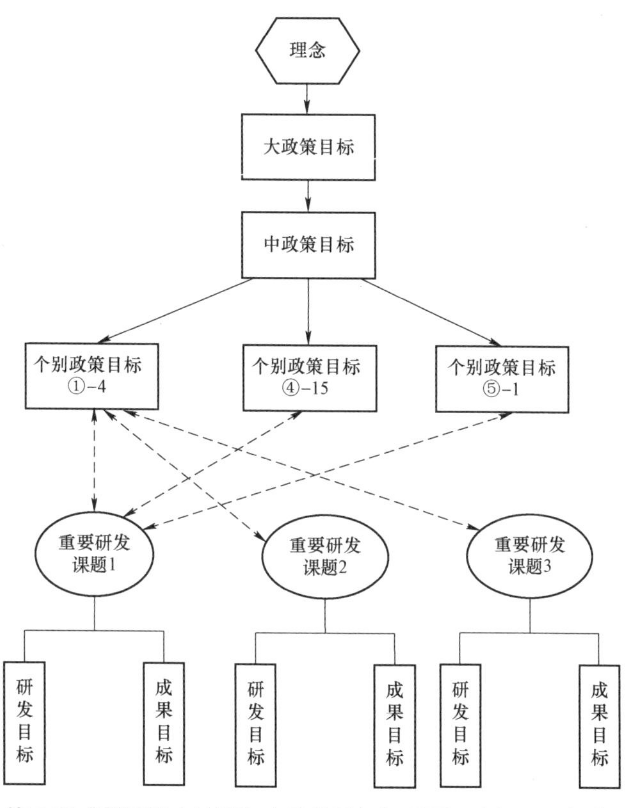

图 3.1　第 3 期《科技基本计划》中政策目标与重要研发课题目标的“对接”

可以说，第 3 期《科技基本计划》通过重要研发课题这一桥梁，实现了具体研发目标、成果目标与各层级政策目标的“对接”。在规划目标的设定环节，通过层层分解、落实，使高度抽象的顶层理念目标逐步过渡到符合“SMART”原则的具体明确的研发目标和成果目标，形成了“理念→大政策目标→中政策目标→个别政策目标→研发目标→成果目标”的规划目标链条，在保障规划目标顺利“落地”的同时，也形成了其独特的、严密的目标设定体系，避免了顶层目标理念束之高阁或沦为口号等现象的产生。

3.2.3　领域细分目标与科研计划项目的衔接

从表 3.3 中不难发现，每个重要研发课题的每项研发目标、成果目标都明确了具体的部门责任分工，分别由一个部门或多个部门共同完成。各部门须对归口课题的研发进展（即中期研发目标）和最终完成情况（即最终研发目标），以及研发成果的转化应用（即成果目标）负责。国内外的大量实践表明，如果没有明确的责任分工，各政府部门就没有足够的压力与动力去实现目标，或互相推诿扯皮，或视而不见、无动于衷，致使制定出台的规划目标被束之高阁，无人落实。因此，明确各项研发目标、成果目标的责任归属也是第 3 期《科技基本计划》加强目标管理的有力措施之一。

由于研发目标、成果目标均明确了责任归属部门，因此各部门（省厅）在设立科技计划/项目时都会根据自身的责任分工，按照所负责的“重点研发课题”研发目标、成果目标的要求，制定相关政策或设立相关科技计划，然后通过定向择优或者公开竞争等方式，委托优势科研机构承担具体的科研项目，开展研发活动，以支撑实现重点研发课题中的研发目标、成果目标，进而支撑实现第 3 期《科技基本计划》中的各项规划政策目标。

例如，厚生劳动省为实现其分工负责的“研究开发提高 QOL 的诊断、治疗机器”“研究开发包括机能恢复训练、感觉器等在内的机体功能缺陷弥补手段，预防需要护理状态的出现”两个重要研发课题的研发目标、成果目标，于 2007 年在其负责管理的部门科研经费中投入 30 亿日元，专门设立了“身体机能分析、辅助、代替机器的开发”专项计划。该专项计划在项目申请指南中，明确提出了需要瞄准完成的第 3 期《科技基本计划》中的具体的理念、大政策目标、中政策目标，以及重要研发课题及其研发目标、成果目标。该专项计划最终共资助了“脑血管障碍的诊断解析治疗统合化系统开发”等 10 项课题，通过公开竞争的方式，分别择优委托东京慈惠会医科大学等 10 家科研机构承担，以实现上述厚生劳动省归口负责的重要研发课题的研发目标、成果目标，如图 3.2 所示。

这种各部门分工负责的机制能够顺利实现科技规划与科技计划、科研项目之间的有机衔接。一方面，使得科技规划中设立的各级规划目标能够得到切实有力的贯彻执行与落实；另一方面，科技规划对各类规划执行主体科技资源配置的引导作用也得到了充分发挥和体现。

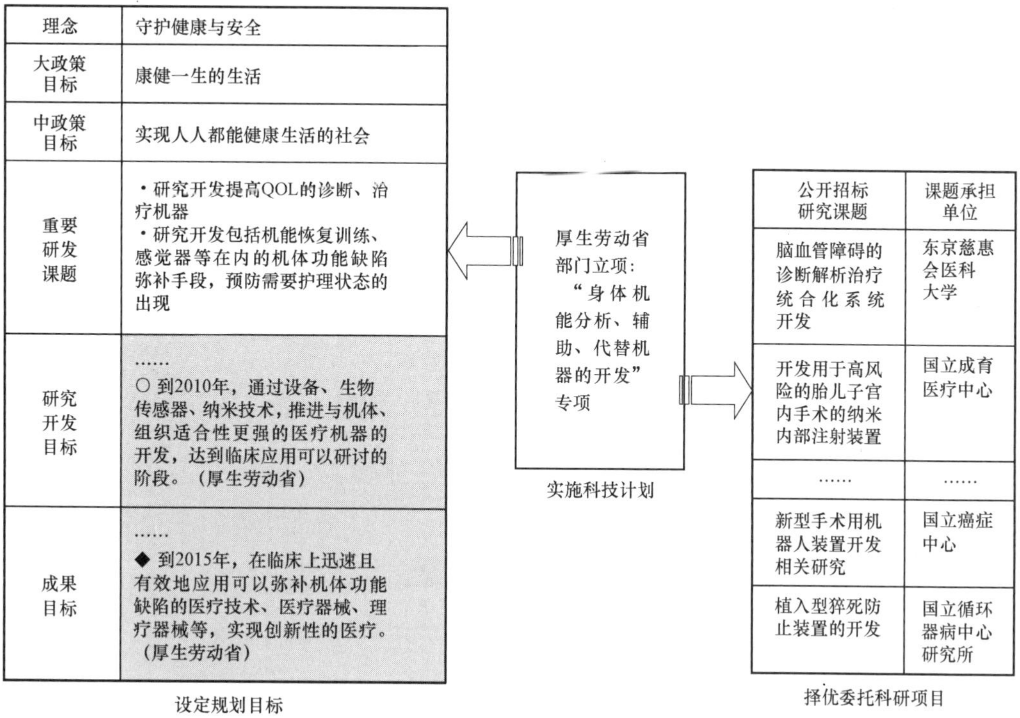

理念	守护健康与安全
大政策目标	康健一生的生活
中政策目标	实现人人都能健康生活的社会
重要研发课题	·研究开发提高QOL的诊断、治疗机器 ·研究开发包括机能恢复训练、感觉器等在内的机体功能缺陷弥补手段，预防需要护理状态的出现
研究开发目标	…… ○ 到2010年，通过设备、生物传感器、纳米技术，推进与机体、组织适合性更强的医疗机器的开发，达到临床应用可以研讨的阶段。（厚生劳动省）
成果目标	…… ◆ 到2015年，在临床上迅速且有效地应用可以弥补机体功能缺陷的医疗技术、医疗器械、理疗器械等，实现创新性的医疗。（厚生劳动省）

设定规划目标

厚生劳动省部门立项：“身体机能分析、辅助、代替机器的开发”专项

实施科技计划

公开招标研究课题	课题承担单位
脑血管障碍的诊断解析治疗统合化系统开发	东京慈惠会医科大学
开发用于高风险的胎儿子宫内手术的纳米内部注射装置	国立成育医疗中心
……	……
新型手术用机器人装置开发相关研究	国立癌症中心
植入型猝死防止装置的开发	国立循环器病中心研究所

择优委托科研项目

图 3.2　第 3 期《科技基本计划》“规划目标—科技计划—项目”的衔接（以厚生省为例）

（资料来源：厚生劳働省. 身体機能解析・補助・代替機器開発研究採択課題一覧［EB/OL］. http://www.mhlw.go.jp/bunya/kenkyuujigyou/hojokin-gaiyo07/02-02-08.html.）

总结第 3 期《科技基本计划》在目标管理方面的实施机制，其主要的做法包括：首先，由中央政府提出宏观指导层面的愿景理念目标，并逐层细化至具体行动层面的个别政策目标；然后，制定配套实施的《各领域推进战略》，通过研发领域的重点化遴选出一批重要研发课题，将重要研发课题及其研发目标、成果目标与规划的政策目标挂钩“对接”，并明确了每项研发目标、成果目标的责任归口部门；之后，由各部门根据自身归口负责的目标任务，设立科研计划，编制项目申请指南，通过公开竞争或择优委托等方式遴选科研机构开展相关科研活动，以及制定相关的科技政策措施，最终实现相应的研发目标、成果目标。

由此，形成了第 3 期《科技基本计划》覆盖“规划—计划/政策—项目”3 个不同层级的目标管理体系，如图 3.3 所示。

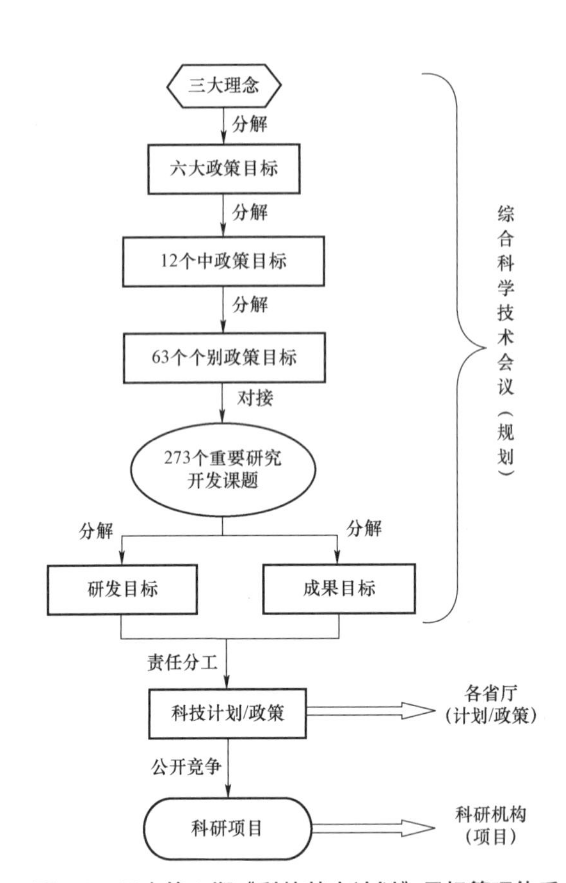

图 3.3　日本第 3 期《科技基本计划》目标管理体系

除了明确重点领域外，第 3 期《科技基本计划》还继续在科技人才的培养、创新环境的优化、科技基础能力的建设、国际交流合作的促进等科技体制改革方面提出了要求，并要求采取措施促进国民对科学技术的参与和支持，以促进和保障规划任务目标的顺利实现。

3.3　“问题解决型”目标管理机制

虽然第 3 期《科技基本计划》的领域细分型的目标管理模式实现了科技资源投入的重点化，但是随着《科技基本计划》的深入实施，这一做法也招致了一些批评。2009 年 6 月发布的《第 3 期〈科学技术基本计划〉中期评估报告》便指出，“《各领域推进战略》中提出的研究开发课题的研究开发目标不仅数量众多，而且非常地细化……世界的范式正在发生转换，仅以一项项的技术开发为目标的想法，正在变得过时”“要面向日本未来发展图景设定需要解决的重大问题，并制定为解决和实现这些问题所需的战略”。2009年12月，以日本经济团体连合会（经团连）为代表的日本经济产业界也提出了需要在下一期《科技基本计划》的制定中采用“问题解决型”的方法，即“针对需瞄准实现的目标愿景，明确需要克服的问题，在此基础上根据技术开发和多项技术的整合，预先设计社会的系统化，基于时间轴制定战略以实现之”。

根据这些意见建议，从第4期《科技基本计划》开始，日本政府编制《科技基本计划》的思路发生了战略转向——从注重目标细分的领域导向转向了致力于经济社会问题解决的问题导向。与此同时，日本政府视野中的“科学技术政策”的内涵也随之扩张，开始向“科学技术创新政策”的定位拓展和延伸。

3.3.1 第4期《科技基本计划》“问题解决型”目标管理做法

受“3·11”大地震和福岛核事故影响，原定于2011年3月发布的第4期《科技基本计划》（执行周期2011—2015年）推迟至当年8月才发布，有关内容也根据新的形势变化进行了调整。根据第3期《科技基本计划》中期评估报告中的意见，以及受地震、海啸和核事故等影响，第4期《科技基本计划》的制订思路与风格相较于以往的几期基本计划发生了较大的变化：首先，强调创新的一体化；其次，编制思路开始从“领域细分型”向“问题解决型”转变。

（1）科学技术与创新的“一体化”

根据发展形势的变化，第4期《科技基本计划》提出了新的5个日本需要瞄准实现的中长期国家战略目标：① 从地震灾害中复兴与再生，实现未来可持续增长与社会发展的国家；② 让国民过上安全、丰厚高品质生活的国家；③ 率先专心致力于解决大规模自然灾害等全球规模问题的国家；④ 拥有作为立国之基础的科学技术的国家；⑤ 持续创造“知识”资产，将科学技术作为文化培育的国家。

为实现上述五大国家战略目标，第4期《科技基本计划》指出，“必须明确设定国家需要集中精力解决的问题，面向促进创新，综合性、成体系地推进科学技术政策”；另外还强调将科学技术政策作为“社会公共政策之一”的新定位，要求必须进一步深化科技政策与国民的相关性。因此，第4期《科技基本计划》提出了未来五年科技政策的3条基本方针：一是“科学技术创新政策”的一体化开展；二是进一步重视人才及其支撑机构的作用；三是实现“与社会共同制定推进政策”。

关于“科学技术创新政策”[①]的一体化开展，第4期《科技基本计划》指出，“必须在确定日本与世界面临的问题基础上，面向创造新价值，战略性地灵活运用旨在解决问题的科学技术，并进一步促进其成果向社会反馈和转化”。为此，第4期《科技基本计划》进一步明确了“科学技术创新政策”的内涵——“除了自然科学之外，也要引入人文科学与社会科学的视角，在广泛的政策对象之中，不仅要包含科学技术政策，还要再加上相关的创新政策，并一体化推进”，并提出要强力推行这一新政策。

（2）面向“问题解决型”的战略转变

第4期《科技基本计划》指出，过去为了更有效地推进研究开发，第2期、第3期《科技基本计划》遴选确定了8个领域，作为优先分配资源的重点。但是也有批评的声音认为，这种“纵向分割”的做法不能形成“问题解决型”的综合性的研究开发。因此，今后日本应该明确设定需要致力解决的问题，并针对这些问题重点分配科研资源；形成跨领域的，产学研多方主体参与策划和协同推进的，覆盖从基础研究到应用研究、试验发展直至产业化和大规模应用等各个阶段，综合性、有计划地推进研究开发的新机制。

在这一背景下，第4期《科技基本计划》瞄准五大国家战略目标的实现，结合日本国情和面临的国际形势，提出了以灾后重建为对象的“从地震灾害中复兴与再生”、以环境能源为对象的“推进绿色创新”、以医疗看护与健康为对象的“推进生命创新”3个最紧迫、事关未来可持续发展的“重要问题”，以及“让国民过上安全、丰厚的高品质生活”“强化日本产业竞争能力”“为

---

① 第4期《科技基本计划》将“科学技术创新”定义为：基于科学发现与发明等产生的新知识，创造其知识和文化价值，以及发展这些知识进而创造出新的经济、社会、公共价值。

解决全球规模问题做出贡献”“保有立国的基础”“充实强化科学技术通用基础”等5个“直面问题”。

按照“科学技术创新政策”一体化开展的基本方针，第4期《科技基本计划》针对每个问题（3个“重要问题”和5个“直面问题”）分别提出了问题解决应达到的目标状态，以及今后五年需要推进的研究开发的具体内容与方向。更为关键的是，第4期《科技基本计划》还明确了为解决每个问题，国家需要采取的相关配套措施和社会系统的改革，亦即不仅打通科研活动的“创新链”，还配套建立了“政策链”。以“推进绿色创新”这一重要问题为例，第4期《科技基本计划》针对该问题制定的具体内容如表3.4所示。

表3.4　日本第4期《科技基本计划》中“推进绿色创新”重要问题的内容示例

内容方面	具体内容
重要问题	推进绿色创新
目标状态	能源的稳定供给和气候变化，是日本和世界需要应对的紧迫课题。为应对这两个问题，国家必须强力推进绿色创新。为此，要进一步促进日本保有优势的环境、能源技术的创新；同时，也要以实现能源供给源的多样化、分散化，与能源利用革命相关的社会系统与制度改革，长期稳定的能源供需架构的构建和世界最先进的低碳社会为目标。另外，世界各国正在围绕“去化石燃料”开展激烈竞争，将之作为未来增长的关键，要强力推进这些技术与系统在国内外的普及与推广，实现日本的可持续增长。更进一步，通过这些努力，以实现成为世界领先的环境、能源发达国家，实现可持续的自然共生与循环型社会，以及让国民过上富裕的生活为目标
解决重要问题的推进措施	为实现绿色创新的目标，设定以下具体的重要问题。在大学、公立研究机构、产业界的结合与合作之下，国家重点推进相关的研究开发等措施。在短期内，积极推进已有技术的改良和应用；在中长期时间内，重点推进能够产生新的革命性技术的研究开发。 （1）实现稳定的能源供给和低碳化 研究开发可再生能源普及和大规划推广应用的变革性技术，促进以分布式能源系统改革为目标的研究开发，并注意与日本整体能源供给的安全性、经济性、可持续性相协调。 在太阳能发电、生物利用、风力发电、小水力发电、地热发电、潮汐能发电等方面，在飞跃性地提升既有技术的同时，以获得航天太阳能发电、藻类生物质等新型突破性创新技术为目标，战略推进必要的工作与调研…… （2）能源利用的高效率化与智能化 为在制造业部门更高效率地利用化石资源，推进钢铁行业变革性制造流程、已有材料高性能化、绿色可持续化学、生物炼制、变革性催化技术等方面的研发。为实现占日本最终能源消费约一半的民生（家庭、业务）及运输部门的进一步低碳化、节能化，推进住宅与建筑物高效保温隔热、家电及照明的高效化、高效率热水器（热电联产、下一代热泵系统）、定制型燃料电池、功率半导体、碳纳米材料的研发与普及。另外，推进以能源利用革命为目标的研究开发及其普及，包括下一代汽车所用的蓄电池、燃料电池、基于电力电子学的电力控制技术……

续表

内容方面	具体内容
解决重要问题的推进措施	（3）社会基础设施的绿色化 推进面向环境先进城市、高效交通与运输体系建设的研究开发。此外，在迄今生活中以人为通信主体的网络中，推进全由电力运作的人工物体作为通信主体予以接续，并与电力、天然气、自来水管道、交通等社会基础设施融为一体的巨大网络系统的相关研究开发。推进包含高度水处理技术在内的综合水资源管理体系构建方面的研究开发与示范验证。另外，推进资源再生技术的创新，推进稀有金属、稀土等替代材料的创新……
为推进绿色创新的体系改革	在推进绿色创新方面……要以能够加速创新的法规制度改革与技术为中心，积极推进系统性改革。 推进策略 ● 例如，国家设定关于生物燃料的温室气体排放削减基准等可持续性基准，修订汽车燃油费基准等；为促进面向企业创新的研究开发，考虑国际竞争能力，立足于技术、经济合理性，研讨新的法规和制度的理想方式。 ● 为促进下一代汽车、加氢站等供给基础设施设备、可再生能源设备等实用化、普及化，国家对有可能妨碍其实现的相关法律法规进行盘点，推进改革。 ● 国家与地方公共团体、大学、公立研究机构、产业界等协同联动，灵活利用每个地方的特色，面向智能社区等新社会系统的构建，支持从研究开发到技术验证、普及、推广的一体化实施。 ● 与能源、水、交通、运输系统等社会基础设施维护相关联，国家促进公私所有的先进技术、管理运营 know－how、人才培养等打包式的、综合系统性的海外推广。 ● 为灵活运用日本拥有的优秀技术，促进对发展中国家的援助，将应对气候变化相关技术转移和体制改革，与扶贫、农业、水资源开发、防灾等政策连动，综合推进，以强化各国独立应对能力

（资料来源：日本第 4 期《科技基本计划》，第 11－12 页）

从表 3.4 可以看出，为推进绿色能源方面的技术创新，第 4 期《科技基本计划》不仅确定了科研方面的有关内容方向，也明确了“修订汽车燃油费基准”“智能社区等新社会系统构建”“与能源、水、交通、运输系统等社会基础设施维护相关联”“打包式、综合系统性的海外推广”等配套政策措施，有利于促进科研成果的顺利转化应用以及在国内外社会的推广普及，实现科学技术创新的“一体化”。

（3）有关体制改革

为保障“科学技术创新政策”的一体化开展，推进每个重要问题的顺利解决，第 4 期《科技基本计划》还出台了一系列相应的体制改革措施。其中的一个重要举措就是设立“科学技术创新战略协议会”。第 4 期《科技基本计划》提出，为解决以“推进绿色创新”“推进生命创新”为首的重要问题，推进相关的科技创新，有必要建立以产、学、研为首的多种相关主体能够广泛参与、共享未来愿景、团结协作形成合力的新体制。借此，各参与主体才能在纵览全局的基础上，理解各自的角色作用，紧密结合，协作配合，共同努力推进科技创新。

从这种观点出发，第 4 期《科技基本计划》认为，日本需要从国家层面构建从研讨到实际推进各重要课题相关战略的平台。具体的推进策略包括：

——国家对综合科学技术会议进行调整，下设“科学技术创新战略协议会”（简称“战略协议会”）。战略协议会以科学技术创新的一体化推进为目标方向，每个重要课题均应设立，通过相关中央部门和资金分配机构、大学、公立研究机构、产业界、NPO 法人等多种相关方的广泛参与，构建紧密结合与协作的“平台”。

——国家在促进广泛的相关方和机构作为主体参加的同时，建立任命联系与协调相关机构的人员（暂称为“战略经理”）等配套体制。

——战略协议会在明确各重要课题未来愿景的同时，为制定实现这些愿景的推进战略，需针对从基础研究、应用研究、试验发展到大规模推广应用各个阶段应该推进的具体研究开发、法规制度改革、实现目标、推进体制、资金分配等的理想状态与方式，进行广泛研讨。综合科学技术会议根据战略协议会的研讨结果，制定实现和解决重要课题的推进战略。

——为确保战略的实效性，战略协议会由与推进战略相关的全体“战略经理”组成。大学、公立研究机构、资金分配机构、产业界等在全体“战略经理”的协调下，携手努力，合作推进。

除设立“科学技术创新战略协议会”外，第 4 期《科技基本计划》还出台了强化产学研之间的“知识网络”，构建产学研合作的“场所”，强化风险投资，建设创新创业环境，制定促进创新的灵活特殊制度，构建区域创新体系，推进知识产权和国际标准战略等其他方面的政策措施。

3.3.2 《科学技术创新综合战略》“问题解决型”目标管理做法

2012 年年底，安倍晋三带领日本自民党击败民主党，再次当选首相。早在 2007 年首次执政时，安倍晋三便制定了瞄准 2025 年、实施周期约 20 年的长期战略指针——《创新 25》，但由于政党轮替和政权更迭，这一战略指针并未得到很好的贯彻执行。安倍晋三重新执政后，总结了《创新 25》的实施经验与教训，决定在保持第 4 期《科技基本计划》整体方向不变的前提下，制定《科学技术创新综合战略》，并每年进行动态更新。

《科学技术创新综合战略》的制定，主要遵循以下 3 个方面的考虑：

首先，为了既体现战略性，又确保执行的灵活性，《科学技术创新综合战略》既要包括长期愿景，也要包括含有短期行动计划的工程表。长期愿景作为日本科技创新政策的“全体画像”，包含了 2030 年日本经济社会的目标姿态、为实现这些目标姿态应解决的重要政策问题，以及到 2030 年各政策问题解决后应达到的成果目标；工程表则是将解决政策问题需采取的具体措施、实现成果目标过程中的中间目标等通过时间轴予以展示。在战略实施过程中要随时开展跟踪评估，根据评估结果不断修正工程表，从而实现 PDCA 循环。

其次，《科学技术创新综合战略》同样也采取“问题解决型”的思路，不再按照各个重点领域讨论科技创新，而是直接面对经济社会的各种议题需求，从科技创新如何能够做出贡献的角度凝练问题，并“打包”式构建“问题解决型”的政策体系。

再次，《科学技术创新综合战略》作为国家科技创新战略，不仅科研人员，企业、大学、科研院所、社会公众等都要积极参与进来并发挥重要作用。因此，在《科学技术创新综合战略》实施过程中不仅要强调产学研合作、明确各自责任分工，还要明确各项政策举措的责任部门，综合运用预算、财税、金融、法规改革等各种政策工具。

按照上述要求，日本综合科学技术会议于 2013 年 6 月首次制定了《科学技术创新综合战略——创造新维度日本的挑战》（以下简称《科学技术创新综合战略 2013》），确立了 3 个要在 2030 年实现的经济社会愿景目标：一是维持世界顶级经济实力，实现可持续增长的经济；二是让国民切实感受到富裕与安全、安心的社会；三是与世界共生，为人类进步做出贡献的经济与社会。

为瞄准实现这 3 个愿景目标，强力推进解决经济复苏这一紧迫问题，《科学技术创新综合战略 2013》重新梳理了 5 个需要加快、重点推进的科技创新方面的“政策问题”，包括：① 建立清洁、经济的能源系统；② 实现国际社会领先的健康长寿社会；③ 建立世界领先的下一代基础设施；④ 发挥区域资源优势“强项”的区域振兴；⑤ 从“3・11”大地震灾害中尽早振兴重生。

针对每个政策问题，《科学技术创新综合战略 2013》都提出了在该年度背景下对政策问题的“基本认识”，并制定了“应重点着手的问题”，以及应采取的相应的“重点措施”。以第 1 个政策问题“建立清洁、经济的能源系统”为例，《科学技术创新综合战略 2013》从能源系统的生产、消费与流通三个环节入手，确定了相应的 3 个应重点着手的问题及 8 项重点措施，如表 3.5 所示。

表 3.5　“建立清洁、经济的能源系统”政策问题的分解

政策问题	基本认识	应重点着手的问题	重点措施
建立清洁、经济的能源系统	（略）	清洁能源的稳定供给与低成本化（生产）	① 通过变革性技术扩大可再生能源的供给
			② 实现高效、清洁的变革性的发电与燃烧技术
			③ 实现能源来源、资源的多样化
		通过新技术提高能源利用效率和削减消费总量（消费）	④ 通过变革性设备的开发，实现能源的高效利用
			⑤ 通过变革性构造材料的开发，实现能源的高效利用
			⑥ 需求侧的能源利用技术的高水平化
		能源网络的高度综合（流通）	⑦ 构建促进多种能源可资利用的网络
			⑧ 能源变换、贮藏、输送变革性技术的高水平化

（资料来源：日本《科学技术创新综合战略——创造新维度日本的挑战》，第 13 页）

针对每个“政策问题”之下“应重点着手的问题”的每项“重点措施”，《科学技术创新综合战略 2013》都明确了“应努力的内容”“面向社会实际应用的措施”“2030 年的成果目标”，以及相应的责任部门和工程表。以“建立清洁、经济的能源系统”政策问题的第 1 个应重点着手的问题“清洁能源的稳定供给与低成本化”的第 1 个重点措施“通过变革性技术扩大可再生能源的供给”为例，其具体内容如表 3.6 所示。

表 3.6 “通过变革性技术扩大可再生能源的供给”重点措施内容

<table>
<tr><th>重点措施</th><th>内容方面</th><th>具体内容</th><th>责任部门</th></tr>
<tr><td rowspan="5">通过变革性技术扩大可再生能源的供给</td><td>应努力的内容</td><td>推进扩大可再生能源利用的适合技术，包括：发送电、蓄电、热利用、热回收相关机器、系统技术、网络化技术，以及结合区域特色能源高效利用等方面的研究开发。特别是，推进潜在资源量客观、灵活利用区域特性与气象条件的浮动式海上风力发电与变革型太阳能电池、地热发电的高效化、设置方法与维护技术等研究开发，实现可再生能源利用系统经济性与变换效率的大幅提升。通过这些努力，实现成为最大限度地利用清洁可再生能源的社会</td><td>内阁官房、总务省、文部科学省、农林水产省、经济产业省、国土交通省、环境省</td></tr>
<tr><td rowspan="3">面向社会实际应用的措施</td><td>建立可再生能源系统的设置与保护等相关环境以及制定相关法规制度</td><td>内阁官房、农林水产省、经济产业省、国土交通省、环境省</td></tr>
<tr><td>推进与强化国际竞争能力相关技术的基准、认证系统的国际标准化</td><td>总务省、外务省、经济产业省、国土交通省、环境省</td></tr>
<tr><td>推进确保社会接受程度的有关措施</td><td>内阁官房、总务省、农林水产省、国土交通省、环境省</td></tr>
<tr><td>2030 年的成果目标</td><td>解决可再生能源普及的技术问题：
–2018 年实现浮动式海上风力发电的实用化；
–2030 年以后太阳能发电成本在 7 日元/千瓦以下</td><td>—</td></tr>
</table>

（资料来源：日本《科学技术创新综合战略— 创造新维度日本的挑战》，第 25 页）

为确保有关措施的落地，切实解决相应的政策问题，《科学技术创新综合战略 2013》还为每一个“重点措施”制定了详细的“工程表”。

同样，继续以上述的“通过变革性技术扩大可再生能源的供给”重点措施为例，其实施的工程表（节选）如图 3.4 所示。

2014 年、2015 年日本综合科学技术创新会议相继制定了《科学技术创新综合战略 2014——面向未来创造的桥梁》《科学技术创新综合战略 2015》。这两份文件根据年度形势变化，在动态微调的原则基础上，分别对当年度的日本科技工作进行了明确，包括在该年度背景下对政策问题的“基本认识”、每项“重点措施”应努力的内容、面向社会实际应用需采取的措施、2030年的成果目标，以及相应的责任部门和工程表等。

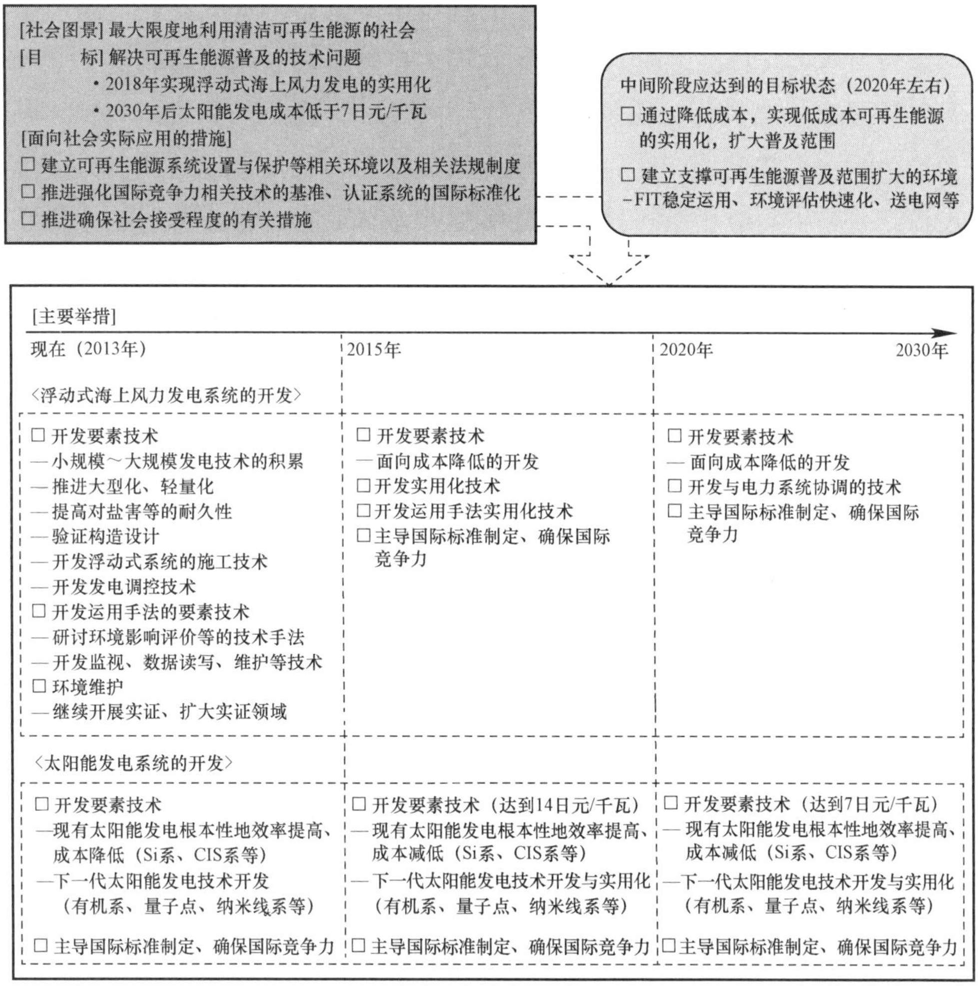

[社会图景] 最大限度地利用清洁可再生能源的社会
[目　　标] 解决可再生能源普及的技术问题
・2018年实现浮动式海上风力发电的实用化
・2030年后太阳能发电成本低于7日元/千瓦
[面向社会实际应用的措施]
□ 建立可再生能源系统设置与保护等相关环境以及相关法规制度
□ 推进强化国际竞争力相关技术的基准、认证系统的国际标准化
□ 推进确保社会接受程度的有关措施

中间阶段应达到的目标状态（2020年左右）
□ 通过降低成本，实现低成本可再生能源的实用化，扩大普及范围
□ 建立支撑可再生能源普及范围扩大的环境
-FIT稳定运用、环境评估快速化、送电网等

[主要举措]

现在（2013年）	2015年	2020年　　2030年
〈浮动式海上风力发电系统的开发〉		
□ 开发要素技术 —小规模～大规模发电技术的积累 —推进大型化、轻量化 —提高对盐害等的耐久性 —验证构造设计 —开发浮动式系统的施工技术 —开发发电调控技术 □ 开发运用手法的要素技术 —研讨环境影响评价等的技术手法 —开发监视、数据读写、维护等技术 □ 环境维护 —继续开展实证、扩大实证领域	□ 开发要素技术 —面向成本降低的开发 □ 开发实用化技术 □ 开发运用手法实用化技术 □ 主导国际标准制定、确保国际竞争力	□ 开发要素技术 —面向成本降低的开发 □ 开发与电力系统协调的技术 □ 主导国际标准制定、确保国际竞争力
〈太阳能发电系统的开发〉		
□ 开发要素技术 —现有太阳能发电根本性地效率提高、成本降低（Si系、CIS系等） —下一代太阳能发电技术开发（有机系、量子点、纳米线系等） □ 主导国际标准制定、确保国际竞争力	□ 开发要素技术（达到14日元/千瓦） —现有太阳能发电根本性地效率提高、成本减低（Si系、CIS系等） —下一代太阳能发电技术开发与实用化（有机系、量子点、纳米线系等） □ 主导国际标准制定、确保国际竞争力	□ 开发要素技术（达到7日元/千瓦） —现有太阳能发电根本性地效率提高、成本减低（Si系、CIS系等） —下一代太阳能发电技术开发与实用化（有机系、量子点、纳米线系等） □ 主导国际标准制定、确保国际竞争力

图 3.4 “通过变革性技术扩大可再生能源的供给”重点措施的“工程表”（节选）

3.3.3 第 5 期《科技基本计划》“问题解决型”目标管理做法

2016 年 1 月 22 日，日本内阁会议通过了第 5 期《科技基本计划》（执行周期 2016—2020 年）。这份新的五年规划面向 2020 年，提出了“可持续增长与区域社会的自律发展”“确保国家国民安心、安全与实现高品质的丰富

生活”“全球规模问题应对与对世界发展的贡献”“持续创造知识资产”4个国家战略目标。

第5期《科技基本计划》沿袭了第4期《科技基本计划》和《科学技术创新综合战略2013》“问题解决型”的制定策略，将“应对解决经济社会问题”作为“四大支柱”之一，提出为实现“可持续增长与区域社会的自律性发展”等国家战略目标，国家必须进行科学技术与创新的“总动员”，从战略上着手解决有关问题。首先，瞄准国家战略目标的实现，从国内外暴露的各式各样问题中，遴选出科技创新能够做出较大贡献、能够大有作为的“重要政策问题”；然后，针对重要政策问题，凝练出作为解决问题之“关键”的重点措施和技术课题；最后，以这些重点措施和技术课题为核心，推动产学研、政府部门，以及社会各方面利益相关人共同协作，并最大限度地灵活运用跨部门及领域边界的“战略性创新创造计划”（SIP）的作用，一体化推进从研究开发到社会实际应用的全过程。

按照上述思路，第5期《科技基本计划》瞄准实现新制定的国家战略目标，首先细化了“确保能源的稳定和高效利用”等13个重要政策问题，如表3.7所示。

表3.7　第5期《科技基本计划》“重要政策问题”一览

国家战略目标	视点角度	重要政策问题
一、可持续增长与区域社会的自律发展	（1）确保能源、资源、食物的稳定	① 确保能源的稳定和高效利用
		② 确保资源的稳定和循环利用
		③ 确保食物的稳定
	（2）应对超高龄化、人口减少的可持续发展社会	④ 通过实现世界最尖端医疗技术形成健康长寿社会
		⑤ 实现支撑都市与地方区域可持续发展的社会基础
		⑥ 高效率、高效能基础设施长寿命化的对策
	（3）提升制造业/智造业的竞争力	⑦ 提升制造业/智造业的竞争力[①]

① 智造业（コトづくり）是日本发明的相对于传统制造业（ものづくり）而言的一个新名词，意指在产品的制造性能、质量等传统价值基础之上，增加新的价值，如满足客户个性化需求、突出设计价值、提供系统性解决方案等。

续表

国家战略目标	视点角度	重要政策问题
二、确保国家国民安心、安全与实现高品质的丰富生活	—	⑧ 应对自然灾害
		⑨ 确保食品安全、生活环境、劳动卫生
		⑩ 确保网络安全
		⑪ 应对国家安全保障方面的诸多问题
三、全球规模问题应对与对世界发展的贡献	—	⑫ 应对全球规模的气候变化
		⑬ 应对生物多样性
四、持续创造知识资产	—	—

第 5 期《科技基本计划》的另一大特点，是首次明确要求根据科技基本计划制定年度计划，提出“在经济社会的加速变化之中，要以基本计划制定的5年科学技术创新政策为基本指针，每年度制定《科学技术创新综合战略》，以保证政策实施的灵活性”，并要求每年度制定的《科学技术创新综合战略》根据当年的经济社会形势变化，以基本计划为主轴，确定年度工作重点并设置更加详细的目标。

根据这一要求，日本综合科学技术创新会议从 2016 年开始，根据第 5 期《科技基本计划》的内容，每年均制定一期《科学技术创新综合战略》，作为相应年度的科技发展年度计划，从而实现了《科技基本计划》与《科学技术创新综合战略》两个重要文件的整合实施。

各年度制定的《科学技术创新综合战略》，均根据当年度的最新形势发展变化和需求，明确了第 5 期《科技基本计划》中各项重点任务在该年度的执行策略，包括对规划目标内容的“基本认识”“应重点设置的课题”“应重点采取的措施”及“到 2020 年的成果目标”等。

以 2016 年度制定发布的《科学技术创新综合战略 2016》为例，其内容基本完整地对照第 5 期《科技基本计划》的规划内容进行了细化和落实。例如，针对“可持续增长与区域社会的自律性发展”战略目标之下的“确保食物的稳定”重要政策问题，《科学技术创新综合战略 2016》提出了建立“智慧食物链系统”和“智慧生产系统”两项措施，要求在“战略性创新创造计划”（SIP）中设立“下一代农林水产业创造技术”研究项目，以及制定推动下一代育种系统、需求导向的生产系统、加工/流通系统等建设的重点政策措施，并明确了内阁府、文部科学省、农林水产省、经济产业省等各部门的责任归属，以及到2020年需要达到的目标（详见附录1）。

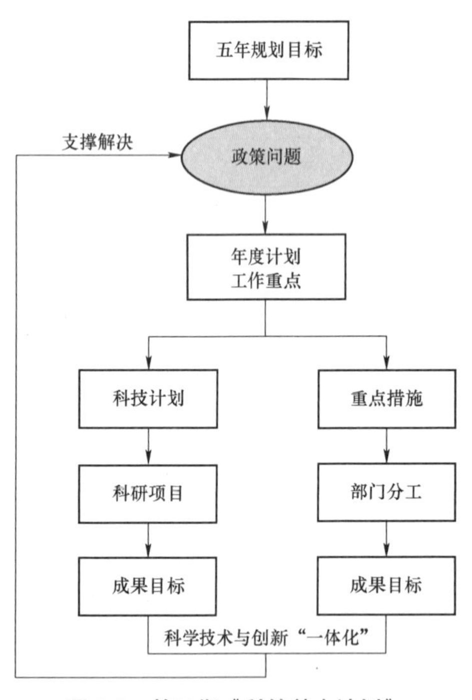

图3.5　第5期《科技基本计划》“问题解决型”目标管理机制

可见，第5期《科技基本计划》通过与各年度的《科学技术创新综合战略》配套联动实施，确立了以“重要政策问题”解决为核心的新的科技规划实施机制：首先，由《科技基本计划》提出五年发展的战略规划目标，针对规划目标遴选提炼需要科技支撑解决的政策问题；然后，制订各年度的工作计划，针对需要解决的政策问题，明确每年度的工作重点，包括应设立的相关科技计划项目（课题），各部门需要制定出台的各项重点政策措施，以及最终需要达到的成果目标，如图3.5所示。

3.4 《科技基本计划》目标管理的保障机制

日本在推进《科技基本计划》组织实施的过程中，除了建立目标管理机制外，还十分注重相关配套保障机制的建设。

3.4.1 建立组织管理保障

与第1期至第5期《科技基本计划》的制定实施相伴随，日本的中央科技咨询与决策机构也跨越了“科学技术会议”“综合科学技术会议”“综合科学技术创新会议”3个不同阶段（平力群，2016）。

2001年，随着中央省厅再编，原设于总理府的科学技术会议改组为综合科学技术会议。根据《内阁府设置法》，综合科学技术会议作为内阁府的四大“重要政策会议”之一，设置于内阁府。综合科学技术会议负责统筹、俯瞰全国的科学技术，地位高于各省厅（尹晓亮，2006）。依据《内阁府设置法》的规定，综合科学技术会议主要发挥三大职能：一是调查审议关于科学技术的基本政策，包括制定科技基本计划及各重点领域的推进战略等；二是调查审议预算、人才以及其他重要科技资源的分配方针等重要事项；三是对大规模研究开发以及其他国家重要研究开发活动进行评估。

与其前身“科学技术会议”相比，综合科学技术会议具有以下重要特征：① 战略性和及时性。指起草以科学技术解决国家和社会难题的全面战略。为达到这一目标，综合科学技术会议每个月都要举行会议[①]，而不像“科学技术会议”一年只开一两次会。综合科学技术会议也研究和讨论正在实施的计划的资源分配和评价问题。② 全面性。讨论内容不仅像“科学技术会议”那样包括自然科学，也包括人文学科和社会科学。因此，更加重视科学技术与社会、人类的关系，包括伦理问题等。③ 自发性和主动性。综合科学技术会议能主动提出新的政策建议，而不是像过去那样只是被动地响应总理大臣的质询（樊春良，2005）。可以说，“综合科学技术会议”无论是在职责范围，还是召开频率、工作主动性等方面，均大幅超越了其前身“科学技术会议”。

2014 年 5 月，随着日本的科技政策取向由科技政策向科技创新政策转变，五年科技规划编制思路由“重点领域型”向“问题解决型”转换，日本政府也相应地对科技咨询与决策的组织结构进行了改革——在原有的综合科学技术会议基础上成立了新的“综合科学技术创新会议”，并修订《内阁府设置法》，赋予综合科学技术创新会议“对建立和完善促进研发成果转化为创新的综合环境有关重要事项进行调查审议”这一新的职能。

此外，根据日本政府以“政令”形式发布的《综合科学技术会议令》和《综合科学技术创新会议令》，日本首相在认为有必要对专门事项开展调查的

① 根据作者对日本内阁府官方网站数据的统计，从 2001 年 1 月设立到 2014 年 5 月改组，综合科学技术会议共召开了 168 次会议，平均召开频率为 1.06 次/月，达到了“每月召开一次”的要求。

情况下，可在该会议之下设置“专门调查会”，待专门事项调查结束后自行解散。据此，综合科学技术会议针对第2期、第3期《科技基本计划》中确定的8个重点领域，专门成立了“重点领域调查会”，对各重点领域的研发方向与内容等开展专门调查。综合科学技术创新会议针对第4期、第5期《科技基本计划》以及各年度《科学技术创新综合战略》设定的“重要政策问题”，设立了“重要问题专门调查会”，其中按行业设置了“能源战略协议会”“农林水产战略协议会”等多个战略协议会，专门负责对各个重要政策问题中的“应重点设置的课题”“应重点采取的措施”等任务的实施情况进行跟踪评估并开展有关调查。在开展每期《科技基本计划》的中期评估、制订下一期《科技基本计划》之时，综合科学技术创新会议（综合科学技术会议）还会设立相应的“基本计划专门调查会”。在专项任务完成之后，上述调查会即自行解散。

2018年，在第5期《科技基本计划》执行过半之时，日本政府对过去每年度制定的《综合科学技术创新战略》进行了大幅修改，在引入全球视野的基础上每年制定《统合创新战略》——面向规划战略目标的实现，针对需要强化的议题领域，每年根据年度形势变化凝练出需要解决的新问题，对有关政策措施的实施进行动态调整。2018年6月15日，为统筹推进《统合创新战略》的实施，日本内阁决定在综合科学技术创新会议、发达信息通信网络社会推进战略本部、知识产权战略本部、健康医疗战略推进本部、宇宙开发战略本部、综合海洋政策本部、地理空间信息活用推进会议7个与创新关系密切的“司令塔”会议基础上，在内阁成立了“统合创新战略推进会议”，旨在通过中央层面横跨各领域、实质性的协调合作，举全国之力“一体化”推进科学技术与创新。

可见，与历次《科技基本计划》的制定实施相伴随，日本中央科技咨询与决策组织的顶层设计也在不断优化，其统筹协调的职能与作用也在不断增强，为《科技基本计划》各项目标任务的执行落实和顺利实现提供了强有力的组织保障。

3.4.2 制定配套执行文件

纵观日本5期《科技基本计划》的制定历史，可以总结出一个规律：日本习惯于在制订《科技基本计划》这一五年规划之外，补充制定与《科技基本计划》配套实施的政策文件。

例如，针对第2期《科技基本计划》确定的8个重点领域，综合科学技术会议制定了配套实施的《各领域推进战略》，进一步明确了各个领域的重点方向、研发目标和推进策略。

第3期《科技基本计划》继承了第2期《科技基本计划》时期的这一做法，同样制定了8个重点领域的《各领域推进战略》，且内容进一步发展丰富：针对8个重点领域又深入凝练了273个重要研究开发课题，针对每个重要研究开发课题还制定了具体详细的研究开发目标和成果目标，并且为每个研究开发目标和成果目标确定了部门分工，明确了责任归属。更为关键的是，每个重要研究开发课题的研发目标、成果目标还与第3期《科技基本计划》制定的个别政策目标、中政策目标、大政策目标乃至三大理念都实现了“挂钩”，共同形成了“规划目标体系”。

在《科技基本计划》的制订模式从“领域细分型”转向“问题解决型”之后，配套文件的制定重心也相应地从面向各个战略重点领域，转向了面向各个年度的战略实施。从2013年开始，综合科学技术会议每年度制定《科学技术创新综合战略》。第5期《科技基本计划》明确提出要根据每年的经济社会形势变化制定年度的《科学技术创新综合战略》，设置更加具体的目标任务。按照要求，各年度的《科学技术创新综合战略》不仅针对每个“重要政策问题”明确了具体的目标任务与政策措施，还确定了目标实现的时间节点，以及各项重点政策措施的责任部门。

由于受到篇幅等限制，每期的《科技基本计划》不可能对有关目标任务描述得十分细致。制定配套执行文件，可以针对《科技基本计划》的重点目标任务展开详细的专门论述，有利于科技规划主管机构对规划目标任务的组织实施进行更加精细和充分的设计与部署，也有利于各类科技规划执行主体准确领会和贯彻落实规划的目标任务，还有利于对规划执行情况开展有效的监测评估和考核，为科技规划目标任务的顺利实现提供了有力保障。

3.4.3 建立监测评估机制

日本政府历来重视对《科技基本计划》实施情况的监测评估。如第 3 期《科技基本计划》提出了“每年底实施跟踪评估，基本计划实施 3 年后再开展一次更为详细的跟踪评估，以便对任务和措施进行动态调整”的要求。针对制订的五期《科技基本计划》，日本政府先后开展了 4 次规模较大的中期评估：

——2003 年，在第 2 期《科技基本计划》执行过半时，日本政府组织开展了针对第 1 期、第 2 期《科技基本计划》执行情况和实施效果的评估。

——2006 年，在第 1 期、第 2 期《科技基本计划》评估基础上，日本政府制定了第 3 期《科技基本计划》。并且在 2008 年，即第 3 期《科技基本计划》执行周期过半时，再次组织实施了评估，并于 2009 年 3 月发布了评估报告。

——2011 年，在第 3 期《科技基本计划》评估基础上制定了第 4 期《科技基本计划》。同样，在 2013 年即第 4 期《科技基本计划》执行过半时，日本政府又开展了第 4 期《科技基本计划》的评估，并于 2014 年 10 月发布了评估报告。

——2016 年，在第 4 期《科技基本计划》评估基础上制定了第 5 期《科技基本计划》。2019 年 4 月，综合科学技术创新会议决定启动对第 5 期《科技基本计划》的评估，以便为第 6 期《科技基本计划》的制定提供决策参考。

历次《科技基本计划》的制定与评估的流程如图 3.6 所示。

不难看出，日本在历次《科技基本计划》的实施中已经建立了“年度监测+中期评估”的监测评估模式。日本政府侧重于对《科技基本计划》开展中期评估，主要是因为开展《科技基本计划》评估的首要目的不是问责（accountability），亦非展示绩效（performance），而是学习（learning），即了解掌握基本计划的实施情况和形势需求变化，为科技任务的动态调整和下一期基本计划的制订提供参考依据，属于内部评估和形成性评估性质（因此每次《科技基本计划》的中期评估均由其制定者综合科学技术会议或综合科学技术创新会议组织实施，最终的评估报告也以综合科学技术会议或综合科学技术创新会议的名义对外发布，并未刻意强调由第三方开展评估）。另外，由于基本计划的中期评估、下一期基本计划的编制均需要花费较长时间（通常为一到两年），为了实现基本计划评估与规划制定环节的有机衔接，使评估结果能够及时反映到下一期基本计划的制订之中，在“承上启下”的中期节点开展当期基本计划的评估无疑是最佳的选择。

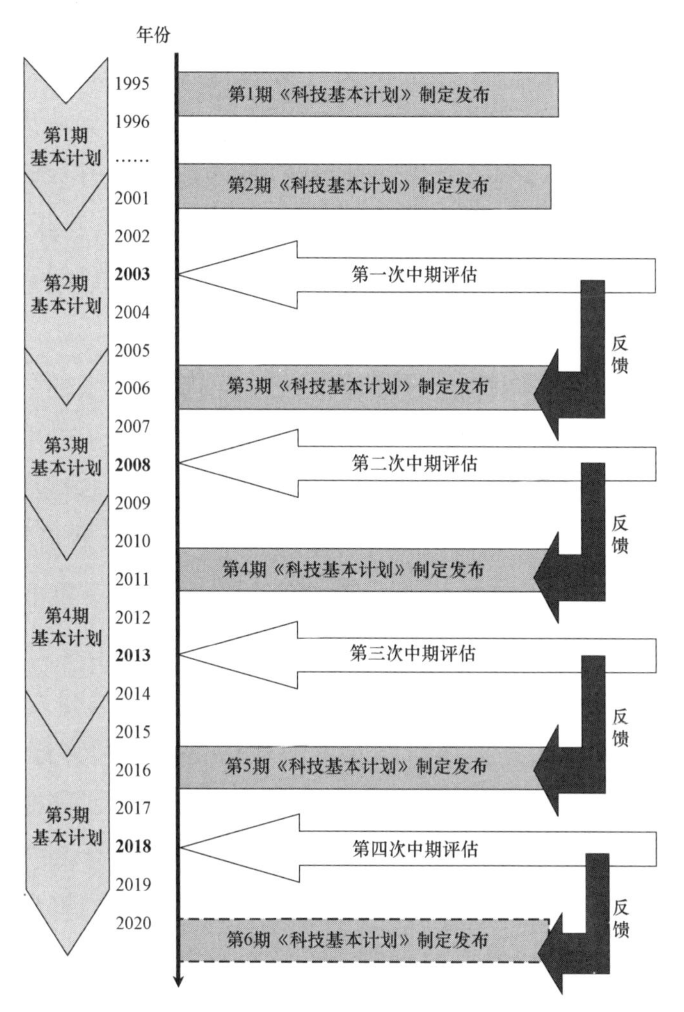

图 3.6　历次《科技基本计划》的制定与中期评估

从图 3.6 可以看出，日本政府对《科技基本计划》开展的评估，已经“嵌入”到历次基本计划的制订与实施流程之中，实现了《科技基本计划》“制定（plan）→实施（do）→评估（check）→反馈（act）→制定（plan）”的有机衔接与动态循环，从而为《科技基本计划》的科学组织实施和目标任务动态调整，以及规划目标的顺利实现提供了机制上的保障。

3.4.4 建立预算资源等统筹机制

根据《内阁府设置法》赋予综合科学技术会议的“调查审议预算、人才以及其他重要科技资源的分配方针”的责任和义务，综合科学技术会议在2001年1月设立之初便于当年4—6月连续召开3次会议，讨论下一年度与科学技术相关的预算、人才等资源分配的方针，并在同年7月11日召开的第8次综合科学技术会议上，向会议议长、时任日本首相小泉纯一郎当面提交了“2002年度科学技术相关预算、人才等资源的分配方针”。该年度以及之后几个年度的科技资源分配方针都主要基于第2期《科技基本计划》确立的各重点领域和重点政策措施提出。

在第3期《科技基本计划》开始实施后，随着“领域细分型”目标管理方法的进一步深入完善，综合科学技术会议开始通过“优先度判定”的方法确定相关预算等资源的分配方针。即在各中央省厅提出概算要求后，综合科学技术会议针对各省厅提出的概算措施，逐一听取汇报，然后根据第3期《科技基本计划》确定的三大理念、8个重点领域及其273个重要研发课题等目标任务，对各省厅提出的各项概算措施进行评价，评价结果分为4档：S（特别重要）、A（重要）、B（必要时实施或需要高效率地实施）、C（部分不合适或不应该实施），最后根据评价结果汇总形成资源分配方针。

进入第4期《科技基本计划》实施阶段后，随着规划目标的管理方式由“领域细分型”向“问题解决型”转变，综合科学技术会议的概算评审方式也从判断领域技术的“优先度”转向了面向“重要政策问题”的解决，并且在各中央省厅研究酝酿概算之时便提前介入，发挥主导作用。具体做法为：每年初，综合科学技术会议在各中央省厅提出概算要求之前，提出科学技术政策方面需要解决的“重要问题”的要点，各中央省厅根据问题要点研究提出研发需求、政策举措等，然后由综合科学技术会议对各省厅的需求进行协调，排除交叉重复，并在各省厅配合下制定当年度的《科学技术重要施策行动计划》。根据该年度《科学技术重要施策行动计划》，各省厅提出具体的概算要求，综合科学技术会议汇总后统筹确定资源分配方针，作为下一年度预算分配的重要依据。

2014 年，随着综合科学技术创新会议的组建，为了进一步增强其“司令塔”的作用，日本政府还专门为其设立了“战略性创新创造计划”（SIP）。该计划的特点是，针对日本经济社会发展中的重要问题，打破政府部门、研究领域之间的条块分割，自上而下地推动从基础研究、应用研究到经济社会实际应用“一气贯通式”的全链条研究开发。SIP 计划的项目立项以及项目间的经费分配，完全由综合科学技术创新会议自主决定，项目实施周期一般为 5 年。截至目前，SIP 计划已于 2014 年、2018 年分两批次启动了“创新性燃烧技术”等 23 个项目，预算总额达到 605 亿日元。SIP 计划的设立使得综合科学技术创新会议能够直接调动预算资源，瞄准《基本科技计划》中“重要问题”的解决组织开展攻关。例如，针对第 5 期《科技基本计划》提出的“确保能源的稳定和高效利用”这一“重要政策问题”，综合科学技术创新会议在其制定的《科学技术创新综合战略 2016》中明确要求 2014 年第一批设立的“下一代海洋资源调查技术”“能源事业”“创新性燃烧技术”“下一代电力电子技术”“创新性构造材料”等 SIP 计划项目，在 2016 年度针对能源的生产、流通、消费环节以及共性技术重点开展相关的研究开发。SIP 计划的设立，进一步增强了综合科学技术创新会议的资源统筹协调能力，为《科技基本计划》中凝练的有关重要问题的解决和战略规划目标的顺利实现提供了有力保障。

3.5　本章小结

纵观第 1 期至第 5 期《科技基本计划》的发展历程，尤其是其目标管理实践的历史演变，不难总结得出以下几个结论。

一是，日本《科技基本计划》的目标管理实践是一个不断走向成熟兼有曲折的“三阶段”历史进程。第 1 期《科技基本计划》虽然开启了五年科技规划编制的先河，但是受经验、条件等限制并没有提出明确的规划目标以及重点发展领域。第2期《科技基本计划》虽然明确提出了三大理念，而且遴选了8个重点领域，但并未形成科学的目标管理机制。第3期《科技基本计划》继承了第2期《科技基本计划》的发展理念和重点领域，并将“领域细分型”的目标管理模式发展到了极致——将规划目标细分成大、中、小三个层次的政策目标，从8个重点领域中遴选了273个重要研究开发课题，并设置了每个课题的研发目标、成果目标以及完成时间节点和责任部门；更为重要的是，将规划政策目标与重要研发课题进行“对接”，实现了规划目标与具体研发目标、成果目标直至实体科技计划、科研项目的“挂钩”，从而为规划目标任务的顺利执行落实和科学监测评估奠定了基础。

但是，在第3期《科技基本计划》将“领域细分型”目标管理模式发展至极致之时，“3·11”大地震以及后金融危机时代世界各国纷纷依靠科技创新重振产业经济的潮流使日本意识到，在领域细分下的单项技术突破模式已经过时。为此第4期《科技基本计划》转向了“问题解决型”的规划编制模式，并建立了“规划目标—重要政策问题—科技计划及政策措施”之间的逻辑关联。第5期《科技基本计划》坚持了第4期基本计划的“问题解决型”模式，并通过年度计划（《科学技术创新综合战略》）对解决“重要政策问题”的研发任务、政策举措及其应实现目标、责任部门做了更进一步的细化。

可以说，在目标管理方面，每一期《科技基本计划》都较其前一期有了明显的进步，均在其前一期的基础上进一步发展成熟。同时，五期《科技基本计划》的发展历程又体现出明显的阶段特征，作者认为可以划分为三个阶段：即第1期、第2期《科技基本计划》时期为“初始阶段”，在这个阶段有效的目标管理机制尚未真正成形；第3期《科技基本计划》时期为“发展阶段”，在这个阶段“领域细分”的目标管理机制已经发展成熟，建立了典型、完备的“领域细分型”目标管理机制；第4期、第5期《科技基本计划》时期为“转折阶段”，即通过规划编制方针的战略转换，建立了“问题解决型”的目标管理模式。

二是，以第5期《科技基本计划》为代表的“问题解决型”科技规划编制模式与目标管理机制，符合科技创新的发展规律，具有较好的参考借鉴价值。“问题解决型”科技规划编制模式及其目标管理机制，作为日本在科技发展规划编制模式探索方面的最新成果，体现了创新链与政策链、产业链相互融合的精神，符合科学技术向创新转化的规律特征和当今世界发展潮流，有利于打破创新的“孤岛效应”，提升创新的系统性和效率效果，能够在顶层设计上构建良好的创新生态，从而促进科研成果向经济社会更加顺利地转化。这一模式，值得其他国家在编制实施科技发展规划时参考借鉴，进一步强化科技发展规划的“问题导向”。

三是，《科技基本计划》在建立目标管理机制的同时也十分注重相关保障机制的建设。包括：强化了规划制定者综合科学计划会议（综合科学技术创新会议）的法定职能，制订了与《科技基本计划》配套实施的领域推进战略和年度实施计划，持续开展年度监测和中期评估，建立预算等科技创新资源的统筹机制，等等。这些保障机制和措施为《科技基本计划》有关目标任务的顺利落实提供了有力支撑和保障。

值得一提的是，日本五期《科技基本计划》的实施历程并非完全一帆风顺，日本政权的更迭便对其实施产生了一定的影响。2009 年 9 月，鸠山由纪夫带领日本民主党在参议院大选中击败自民党，结束了自民党长达 54 年的执政历史。因此，与第 1～3 期《科技基本计划》不同，第 4 期《科技基本计划》是在民主党的主导下制定和发布的。2012 年 12 月，自民党重新夺回执政权，安倍晋三再次出任日本首相。2013 年 6 月，安倍政权制定发布了瞄准 2030 年的新科技规划——《科学技术创新综合战略》。虽然该战略规划宣称保持第 4 期《科技基本计划》的整体方向不变，但无论是其设立的战略目标还是凝练的“政策问题”，在内容上都已经与第 4 期《科技基本计划》截然不同。此后的 2014 年和 2015 年，安倍政权也主要通过更新《科学技术创新综合战略》，对日本的科技创新工作进行部署和指导。换言之，自民党的安倍政权重新上台之后，由民主党主导制订的第 4 期《科技基本计划》事实上已经被搁置或“架空”。直到安倍政权主导制订的第 5 期《科技基本计划》发布后，《科技基本计划》与《科学技术创新综合战略》之间才形成了“五年规划+年度计划”的机制模式，两者间的关系才最终理顺。

第 4 章　美国政府绩效管理体系中的目标管理机制研究

美国并未像日本一样，每五年制定一期科技发展规划。虽然奥巴马执政时发布了美国首个综合性科技战略——《美国国家创新战略》，对美国的科技创新基础、企业创新、重点领域等进行了系统部署和规划，并做了 2 次更新，但特朗普上台后，对科技的重视程度远不如其前任，不仅在上任后一年多时间里一直让科技政策办公室主任空缺（程如烟等，2019），而且并未像奥巴马一样制定综合性的科技创新战略。但是，美国作为世界头号科技与经济强国，显然需要对本国的未来科技创新发展做出系统性的战略部署和安排。调研发现，与美国的科研资助与管理分散在能源部、国防部等多个部门相伴随，美国科技创新的战略规划也主要基于政府绩效管理体系分散在各个部门，即通过各部门的绩效战略规划和联邦政府“优先目标”等工具实现科技创新的战略规划管理和资源统筹配置。以《政府绩效与结果法案》《政府绩效与结果现代法案》为代表的美国政府绩效管理虽无发展规划之“名”，但行发展规划之“实”，而且经过数十年不断发展，已经形成较为成熟的绩效管理模式和独特的目标管理机制。

4.1 《政府绩效与结果法案》(GPRA)

美国从 20 世纪 40 年代开始，即在联邦政府层面上大力推广绩效预算，肯尼迪将国防部成功实施的计划—方案—预算系统（PPBS）推广到整个联邦政府，强调项目管理和预算的计划性；20 世纪 70 年代，尼克松推行目标管理预算模式（MBO），卡特推行零基预算（ZBB）——上述改革尽管取得了一定成效，如强化了效率意识等，但由于改革的相关文件都是以总统行政命令的形式颁布，随着总统的更替而终止，因此都是偶然发生的、非持续性的（晁毓欣，2011）。

进入 20 世纪 80 年代末 90 年代初，美国政府再次面临着联邦政府赤字严重的严峻危机，政府政策的失败、严重的社会问题等导致公众对政府的信心大大降低。调查显示“只有 20%的美国人认为联邦政府将会做正确的事，而在 30 年前却有 76%”（何文盛等，2012）。在这一背景下，1992 年克林顿上台时提出了“再造政府”的目标，着力改进政府绩效，以期通过提高服务质量和公众满意度来改进联邦政府的效力和公共责任。1993 年，在克林顿的大力推动下，美国第 103 届国会全票通过了《政府绩效与结果法案》（*Government Performance and Results Act*，以下简称 GPRA），首次将美国政府的绩效管理以法律形式固化了下来，杜绝了之前因总统更替而造成的“人亡政息”等各种弊端，这也是世界范围内第一部专门为政府绩效制定的法律。

4.1.1 《政府绩效与结果法案》的主要内容

GPRA 主要提出了 3 项内容：机构的五年战略规划、年度绩效计划以及项目绩效报告。

（1）五年战略规划

GPRA 规定，每个联邦政府机构[①]的负责人应当向总统预算管理办公室（Office of Management and Budget，OMB）主任和国会递交战略规划。该战略规划应包含以下内容：

① 对本机构主要职能和工作任务的综合描述。

② 总体目标和目的，包括关于机构主要职能和工作的成果目标和目的。

① 机构（agency）系指《美国法典》第 105 条所规定的中央行政机构，但不包括美国中央情报局、政府问责局、邮政总局和邮政监管委员会等少数几个机构，相当于我国中央政府中的各个部门。

③ 目标和目的实现的方式，包括运作过程、技能、技术和人力、资本、信息以及实现目标和目的所需的其他资源的描述。

④ 年度绩效计划的绩效目标与战略规划的总目标之间的联系。

⑤ 对机构无法控制，但对总体目标的实现有着重大影响的外部关键因素的识别。

⑥ 用于建立或修订总体目标的项目评估和一份未来项目评估的日程表。

GPRA 规定，机构战略规划的实施周期应不少于五年的时间，从递交的所属财政年度的下一个年度算起，并至少每三年更新和修订一次；机构年度绩效计划应当与机构的战略规划保持一致。

各机构在制定战略规划时，应当向国会咨询，而且应当征求并考虑那些受此项规划影响或对规划感兴趣的人的观点和建议。

（2）年度绩效计划

GPRA 规定，OMB 应当要求每个联邦机构编制一份年度绩效计划，包含机构预算中涉及的所有项目活动。这一计划需包括：

① 建立执行目标以限定项目活动应达到的绩效水平。

② 这类目标应以客观、量化和可测量的形式来表述。

③ 简略描述运作过程、技能、技术和人力、资本、信息以及实现执行目标所必需的其他资源。

④ 建立用来衡量或评估每一个项目活动的相关产出、服务水平和结果的绩效指标。

⑤ 提供实际项目成果和预先设定的执行目标的比较依据。

⑥ 对用于检验测量标准的方法进行描述。

如果某个联邦政府机构与 OMB 主任协商以后，认定以客观的、量化的和可测量的形式表述某一特定项目活动的执行目标是不可行的，OMB 主任可以授权以其他备选形式来表述。

（3）年度绩效报告

GPRA 还规定：

① 每年 3 月 31 日之前，每个联邦机构的负责人应编制并向总统和国会

递交上一财政年度的项目绩效报告。

② 每份项目绩效报告应阐述机构绩效计划中建立的绩效指标，以及实际完成的绩效与财政年度计划中设定的执行目标的比较结果。

③ 每份绩效报告应对上一财政年度执行目标完成的成功方面进行总结；对照报告所涉及财政年度的执行目标所取得的绩效，评估本财政年度的绩效计划。

④ 解释并说明哪些项目的执行目标没有实现，包括：a. 目标为何未能实现；b. 完成预定执行目标的计划和日程表；c. 如果执行目标不切实际或不可行，为什么会这样以及建议采取什么行动。

总而言之，就目标而言，GPRA 要求每个联邦政府部门制定战略规划目标（5 年以上）、年度绩效目标（1 年），并要求说明年度绩效目标与战略规划目标之间的联系，定期对部门战略规划进行修订，每年对年度绩效目标完成情况进行检查评估，解释绩效目标未实现的原因并做出改进。

4.1.2 《政府绩效与结果法案》的执行情况

GPRA 颁布后，并没有强制要求联邦政府的各个部门机构立即实施，而是采取了先试点再逐步推开的策略，具体包括：OMB 主任在与各部门负责人协商之后，应指定 10 个以上部门作为 1994、1995、1996 财年绩效测量的试点；OMB 主任应指定不少于 5 个部门作为 1995、1996 财年管理责任和机动权的试点，等等。试点阶段结束后，GPRA 的实施开始在整个联邦政府范围内全面推开：从 1997 年开始，各联邦政府部门机构均须按照 GPRA 的要求，制定本部门机构的战略规划；从 1999 年开始，各部门机构均须制定本部门的年度绩效计划。随着 GPRA 的全面深入实施，绩效管理的理念与做法逐渐被联邦政府的各个部门机构所接受。

虽然在科研领域，GPRA 会产生“科学自治文化与规划文化之间的冲突”，但它无疑使科研资助部门、科研管理和科研人员更加具有战略思维和目标意识（夏皮拉等，2003）。随着 GPRA 的深入实施，相关法律要求在美国科学基金会（NSF）、国家宇航局（NASA）等科研资助与管理机构也逐步得到了较好的贯彻落实。

以 NSF 为例，1997 年 9 月，该机构制定发布了第一份符合 GPRA 要求的战略规划（《1997—2003 战略规划》）。在该战略规划中，NSF 提出了 5 个战略目标，亦即“使命导向的成效目标”，包括：① 在科学与工程前沿取得发现；② 在上述发现和其服务应用社会之间搭建桥梁；③ 多元化、面向全球的科学家与工程师队伍；④ 提高所有美国人所需的数学和科学技能；⑤ 及时掌握国内外科学与工程事业的相关信息。为实现上述 5 个战略目标，NSF 还明确了每个战略目标的“关键投资策略”和“行动计划”。同时，NSF 还将“卓越管理”作为与 5 个成效目标同等重要的战略目标，并识别出了 4 项影响卓越管理实现的因素。

2000 年 9 月，NSF 根据 GPRA 的要求，对战略规划内容进行了修订，制定并发布了新版机构战略规划（《2001—2006 战略规划》），进一步将 NSF 的机构战略目标聚焦为 3 个方面：① 人才（people）——建立一支由科学家、工程师和训练有素的公民组成的多元化、具有国际竞争力和全球参与的人才队伍；② 创意（ideas）——在科学与工程前沿，取得与学习、创新和服务社会相关联的探索发现；③ 工具（tools）——开发各方广泛使用、最先进和共享的研究与教育设施工具。

2003 年 9 月，NSF 在其修订的《2003—2008 战略规划》中，在上述三方面目标的基础上增加了“组织卓越”（organizational excellence）这一战略目标。2006 年，NSF 在其修订的《2006—2011 战略规划》中将机构战略规划目标又进一步确立为发现（discovery）、学习（learning）、研究设施（research infrastructure）、管理（stewardship）4 个方面。

可见，随着 GPRA 的深入实施，NSF 对其自身战略使命的认识也在不断深化，机构战略规划目标通过不断地聚焦调整和凝练，逐渐清晰明确，基本围绕在“出成果、出人才、筑基础、善管理”等几个主要方面。NSF 各阶段的战略规划目标如表 4.1 所示。

表 4.1　NSF 根据 GPRA 要求制定的不同时期的战略规划目标

战略规划名称	《1997—2003 战略规划》	《2001—2006 战略规划》	《2003—2008 战略规划》	《2006—2011 战略规划》
机构使命	推动科学进步，增进国家健康、繁荣和福祉，确保国防安全，以及服务于其他目的[①]			
机构战略规划目标	成效目标： ① 在科学与工程前沿取得发现 ② 在上述发现和其服务应用社会之间搭建桥梁 ③ 多元化、面向全球的科学家与工程师队伍 ④ 提高所有美国人所需的数学和科学技能 ⑤ 及时掌握国内外科学与工程事业的相关信息 管理目标：实现卓越管理	① 人才：一支由科学家、工程师和训练有素的公民组成的多元化、具有国际竞争力和全球参与的人才队伍 ② 创意：在科学与工程前沿，取得与学习、创新和服务社会相关联的科学发现 ③ 工具：各方广泛使用、最先进和共享的研究与教育设施工具	① 人才：一支由科学家、工程师和训练有素的公民组成的多元化、具有国际竞争力和全球参与的人才队伍 ② 创意：在科学与工程前沿，取得与学习、创新和服务社会相关联的探索发现 ③ 工具：有利于科学发现、学习和创新的各方广泛使用、最先进和共享的研究与教育设备、工具和其他基础设施 ④ 组织卓越：一个敏捷、创新的组织，通过领导最先进的业务实践来完成其使命	① 发现：鼓励推进知识前沿的研究，聚焦机会和潜在利益最大的领域，将美国确立为基础科学、成果转化和工程方面的全球领导者 ② 学习：培养一支世界一流、具有广泛包容性的科学家和工程师队伍，提高全体公民的科学素养 ③ 研究设施：通过对先进仪器、设施、网络基础设施和实验工具的关键投资，夯实国家的科研基础能力 ④ 管理：通过一个有能力和反应迅速的组织，支持科学、工程研究和教育方面的卓越成就

机构战略规划的制定，为机构年度绩效计划的编制提供了指导基础。1999 年，按照 GPRA 统一部署要求，NSF 根据其制定的《1997—2003 战略规划》编制了首个年度绩效计划。在这份 1999 年度绩效计划中，NSF 将战略规划目标中的 5 个“使命导向的成效目标”进一步分解为 9 个成效方面的年度绩效目标，将“管理目标”细化为 18 个资助过程与管理方面的年度绩效目标。根据 NSF 于 2000 年发布的《1999 年 GPRA 绩效报告》，NSF 在 1999 年度完成了全部 9 个成效方面的年度绩效目标。但是，在 18 个资助过程与

① 1950 年，美国国会通过《美国科学基金会法案》，赋予了 NSF 这一机构使命。此后，NSF 一直坚守着这一法定机构使命。

管理方面的年度绩效目标中，NSF 实际只完成了 12 个。因此，NSF 在 1999 年度的绩效目标的总完成率为 78%（详细内容见附录 2）。

针对 NSF 之后制定的几期机构战略规划，NSF 在相应的规划执行年度均对机构战略规划目标进行了分解，细化形成了数量不等的年度绩效目标，并按照 GPRA 的要求，对每个年度的绩效目标完成情况进行了评估。2002—2005 各年度 NSF 绩效目标完成情况如表 4.2 所示。

表 4.2　2002—2005 财年 NSF 各项年度绩效目标绩效评价结果

<table>
<tr><th rowspan="2">战略目标</th><th rowspan="2">目标分解</th><th rowspan="2">指标</th><th colspan="4">各年度完成情况</th></tr>
<tr><th>2002</th><th>2003</th><th>2004</th><th>2005</th></tr>
<tr><td rowspan="10">创意
Ideas</td><td rowspan="6">I_1 在以下方面取得明显进展</td><td>I_{11} 促进前沿研究人员取得显著进展</td><td rowspan="6">Y</td><td rowspan="6">Y</td><td rowspan="6">Y</td><td>Y</td></tr>
<tr><td>I_{12} 鼓励跨学科、跨部门研发合作</td><td>Y</td></tr>
<tr><td>I_{13} 促进研发成果在经济社会中的应用</td><td>Y</td></tr>
<tr><td>I_{14} 增加弱势机构开展高质量研发机会</td><td>Y</td></tr>
<tr><td>I_{15} 领导探索新的科学技术领域</td><td>Y</td></tr>
<tr><td>I_{16} 加快选定优先领域的发展</td><td>Y</td></tr>
<tr><td>I_2 年资助规模增加到 14 万美元</td><td></td><td>Y</td><td>Y</td><td>Y</td><td>Y</td></tr>
<tr><td>I_3 项目平均资助期 3 年</td><td></td><td>N</td><td>N</td><td>N</td><td>N</td></tr>
<tr><td>I_4 促进纳米科学调查人员的合作</td><td></td><td>—</td><td>N</td><td>Y</td><td>Y</td></tr>
<tr><td>I_5ITRCOV 外部专家定型评估</td><td></td><td>—</td><td>—</td><td>—</td><td>Y</td></tr>
<tr><td rowspan="5">工具
Tools</td><td rowspan="5">T_1 在以下方面取得明显进展</td><td>T_{11} 为美国研究人员提供便利基础条件</td><td rowspan="5">Y</td><td rowspan="5">Y</td><td rowspan="5">Y</td><td>Y</td></tr>
<tr><td>T_{12} 领导发展大科学装置及先进设备</td><td>Y</td></tr>
<tr><td>T_{13} 更好地发展和配置计算机网络资源</td><td>Y</td></tr>
<tr><td>T_{14} 更好提供美国及其他国家科技情报</td><td>Y</td></tr>
<tr><td>T_{15} 支持下一代研究教育设备研究开发</td><td>Y</td></tr>
</table>

续表

战略目标	目标分解	指标	各年度完成情况			
			2002	2003	2004	2005
工具 Tools	T_2 无效（建设）项目不超过 10%		N	N	N	N
	T_3 设备正常运转率达到 90%		N	N	N	Y
	T_4 使用 NNUN/NNIN/NCN 人数		—	—	Y	Y
	T_5 研发平台节点数		—	—	Y	Y
	T_6 外部专家对工具目标评估意见		—	—	—	Y
人才 People	P_1 在以下方面取得明显进展	P_{11} 增进科技人力资源的多样性	Y	Y	Y	Y
		P_{12} 资助美国学生成为优质人力资源				Y
		P_{13} 提高国家教育能力与水平				Y
		P_{14} 增加公众对科学技术的了解				Y
		P_{15} 支持科技领域的创新研究				Y
	P_2 资助 GRF/IDERT/GK12 数量		—	—	Y	Y
	P_3 少数民族科研人员 GRF 申请		—	—	Y	Y
	P_4 少数民族 CAREER 申请		—	—	Y	Y
	P_5 纳米计划负责人中至少有 1 女性		—	—	Y	Y
	P_6 纳米计划负责人中有 1 少数民族		—	—	Y	Y
组织卓越 Organization Excellence	O_1 在以下方面取得明显进展	O_{11} 组织一个有效的同行评议系统	—	—	Y	Y
		O_{12} 保持促进新技术的商业应用				Y
		O_{13} 合作、多样化、进取的员工队伍				Y
		O_{14} 通过绩效评估工具改进管理				Y

续表

战略目标	目标分解	指标	各年度完成情况			
			2002	2003	2004	2005
组织卓越 Organization Excellence	O_2在6个月之内给70%申请的结果		Y	Y	Y	Y
	O_3借助外部同行评议完成O_2		—	—	—	Y
	O_4单个项目完成O_3		—	—	—	Y
目标数量			23	20	30	21
完成数量			18	14	27	18
完成比例			78%	70%	90%	86%

（资料来源：李强，李晓轩. 美国国家科学基金会的绩效管理与评估实践[J]. 中国科技论坛，2007（6）：133－139.）

值得一提的是，虽然GPRA规定了绩效目标"应以客观、量化和可测量的形式来表述"，但是并没有搞一刀切，而是预留了特殊情况下的变通办法——"如果某个联邦政府机构与OMB主任协商以后，认定以客观的、量化的和可测量的形式表述某一特定项目活动的执行目标是不可行的，OMB主任可以授权以其他备选形式来表述"。根据GPRA这一"机动权"条款，同时也鉴于科研本身所具有的不确定性，以及科研成果产出形式和时间节点的不可预测性，OMB主任特别批准授权NSF使用"备选形式"来制定和考核其绩效目标。

NSF采取的备选形式是：以定性描述的方式制定机构战略规划目标、年度绩效目标（主要是资助成效方面的目标，管理方面的目标许多仍以量化的形式确立），委托来自科技界、产业界、政府、公共部门等各个方面的外部人员成立独立专家组——外部专家委员会（COV）和咨询委员会（AC）。然后由这些独立的外部专家组通过格式化的报告、问卷调查、内部数据分析等手段，根据其自身的经验和主观定性判断，对NSF各项绩效目标的完成情况进行独立评价。最后，由NSF将专家组的评价结果整合进每年的机构绩效报告之中。这一做法既尊重了科研的基本规律，也满足了 GPRA 的基本要求，从而使 GPRA 的绩效目标管理得以在科研领域顺利推行。

4.2　项目评级工具（PART）

小布什总统上台之后，作为首位拥有 MBA 背景的总统，他强调采用企业化的方式来管理政府。因此，上任伊始就推出了雄心勃勃的《总统管理议程》（PMA）。通过《总统管理议程》，小布什总统概括了绩效在其执政理念中的核心作用："政府应该是结果导向型的，不是被过程而是被绩效所引导——每个人都同意稀缺的政府资源应该配置到能够带来结果的项目上。"为此，其《总统管理议程》建议将绩效评估与预算申请相结合，认为这将带来理性而有效的决策，其途径就是利用政府项目评级工具 PART（program assessment rating tool）（晁毓欣，2011）。

PART 是一份由 OMB 开发的问卷，用于联邦政府所有项目的统一评估。在项目实施过程中，联邦政府各机构除了按照 GPRA 的要求完成年度绩效报告外，还需要回答 PART 问卷，并接受 OMB 对其项目进行的标准化等级评估，以作为其下一年度的经费预算审批的参考。

OMB 将联邦项目分为 7 个类型，每类项目的 PART 问卷都由 25 个共性问题和若干个性问题组成，问题总数为 25～33 个。先由项目的主管部门回答这些问题（答案为"是"或"否"），再由 OMB 评估决定得分结果，根据得分结果确定项目的绩效等级。PART 问卷分为 4 个部分，即"项目的目的和设计""项目的战略规划""项目的管理"和"项目的结果"，每个部分的总分是 100 分，但权重不同，分别为 20%、10%、20%、50%。根据项目在每个部分的得分和权重，将总分转换为项目相应的 4 个绩效等级：有效、基本有效、合格或无效。如果一个项目没有合格的绩效测量指标或缺少基线和绩效数据，那么不论得分是多少都会被评为"结果未证明"。各部门在回答这些问题时，除了回答"是"或"否"以外，还要提供关于答案的清晰解释和相关的支持证据，如部门绩效信息、独立评估结果或财务信息，即回答必须是以证据为基础的，而不能依赖于印象性的或概况性的介绍。

在 OMB 发布的《PART 指南》中，要求每个项目设立长期绩效目标（long-term performance goals）和年度绩效目标（annual performance goals）。长期绩效目标的具体时间跨度因项目而异，但不得低于 5 年；年度绩效目标的数据不得少于 3 年。两类目标之间的逻辑关系是：长期绩效目标反映年度活动的累加效果，是年度目标的累积。“长期绩效目标”和“年度绩效目标”都要每年进行测量以测定进展（晁毓欣，2010）。小布什政府从 2002 年开始，运用 PART 工具对联邦预算项目的实施绩效进行评级，到 2008 财年结束时，总共完成了对 1 000 余个联邦预算项目（约占联邦预算项目总数的 98%）的评级。

为了推进财政绩效信息公开透明，小布什政府还开通了 expectmore.gov 网站，向美国公众提供项目绩效信息。该网站公开了所有接受 PART 工具评估的项目评估摘要，主要内容包括：项目目标、总体评级、绩效重点和未来改进措施等。为及时监测和直观展示各政府部门开展绩效管理的状况，OMB 还开发出了一套计分卡评级工具，要求各部门每季度接受两次评级：一是对其各个项目实现整体目标的状况进行评级；二是对各部门落实“预算与绩效一体化倡议”要求的进展情况进行评估。评估结果均采用绿色、黄色、红色来展示（俗称“红绿灯”评估体系）。“绿色”表示达到了规定的目标，取得了满意进展；“红色”表示没有达到上述目标，结果不令人满意；“黄色”则表示仅实现了部分目标，今后需要改进、努力（张俊伟，2013）。

4.3 《政府绩效与结果现代法案》（GPRAMA）

虽然 GPRA 积累了海量的绩效报告等信息，PART 评级工具建立了完善的项目评级指标体系，但撰写绩效报告和对项目打分排名本身并不是绩效测评的最终目的。美国政府问责局[①]（Government Accountability Office，GAO）

① 美国政府问责局的前身是美国总审计署（General Accounting Office），2004 年改为现名。据其官方网站介绍，该机构是“一个为国会服务的独立的、超党派的机构”，主要职责是检查政府的“花销”，向国会和各联邦机构提供客观、可靠信息，以减少政府开支、提高工作效率，因此常被人称作“国会的看门狗”。信息来源：https://www.gao.gov/about/。

2009 年的调查结果表明，与 1997 年相比，美国政府在利用绩效信息帮助改进资源配置决策方面并未取得显著进展（晁毓欣，2011）。尽管小布什政府对于 PART 情有独钟，认为它对于改进 GPRA 的缺陷有着诸多益处，但继任的奥巴马总统对此并不认同，他直言：“对绩效管理系统是否有效的终极判断是绩效信息是否被应用，而不是创造了多少个目标、多少次评估，联邦绩效管理的效果距离这一标准相差甚远”（莫尼汉等，2012）。奥巴马政府采取的举措是引入新的管理工具——“优先目标”，构建新的联邦政府绩效管理体系，并通过法律的形式使之固化。该法律即《政府绩效与结果现代法案》（*GPRA Modernization Act*，简称《绩效现代法案》）。2010 年 12 月 21 日，美国国会通过了这一法案；次年 1 月 4 日，奥巴马签署该法案，使之正式生效。

4.3.1 《绩效现代法案》关于绩效目标的主要内容

《绩效现代法案》在 GPRA 确立的机构战略规划目标、机构年度绩效目标的基础上，增加了 3 个绩效目标，包括：新建立 2 个中央层面的目标，即跨部门、需要在中央政府（白宫）层面协调实现的“联邦政府优先目标”，以及按年度细化的“联邦政府年度绩效目标”；新建立 1 个部门层面的目标，即“机构优先目标”。同时，对原有的机构战略规划目标、机构年度绩效目标提出了新的要求。

（1）联邦政府优先目标

《绩效现代法案》要求，OMB 主任应协调各联邦政府机构，制定用于改进联邦政府绩效和管理的优先目标（federal government priority goals）。

联邦政府优先目标包括两种类型：一类是产出成效导向，并覆盖一定数量的跨部门政策领域的目标（即跨部门优先目标）；另一类是改进联邦政府管理所需要的目标，具体包括 5 个方面：① 财政管理；② 人力资源管理；③ 信息技术管理；④ 采购和收购管理；⑤ 固定资产管理。（根据实践情况来看，目前美国政府制定的联邦政府优先目标多为第一种类型。）

《绩效现代法案》特别强调：联邦政府优先目标在本质上应该是长期的，而且需要每 4 年至少更新或修订一次。OMB 主任可以根据环境的显著变化对联邦政府优先目标进行修正，但必须以适当的方式告知国会。围绕优先目标，OMB 主任每两年应至少征询一次国会相关委员会的意见。

（2）联邦政府年度绩效计划

《绩效现代法案》要求，OMB 主任应协调各联邦机构，制定联邦政府年度绩效计划（federal government performance plans）。联邦政府年度绩效计划应与联邦政府优先目标保持一致。关于联邦政府年度绩效计划的所有信息都应在网上公开，并且至少每年更新一次。

《绩效现代法案》规定，联邦政府年度绩效计划应该“建立联邦政府年度绩效目标”，以明确每个联邦政府优先目标在联邦政府年度绩效计划提交后的一个财年里，需要达到的绩效水平；明确应该对每个联邦政府年度绩效目标做出贡献的联邦政府机构、组织、项目活动、规章、财税支出、政策等；设置明确的季度里程碑；识别政府整体性或跨部门的主要管理挑战，并描述应对这些挑战的计划。同时，要为每个联邦政府绩效目标指定 1 名政府领导官员，负责协调各方努力，以实现该目标。

另外，联邦政府年度绩效计划还要建立通用的联邦政府绩效指标，并明确这些指标每个季度的目标，用于测量或评估实现联邦政府绩效目标的总体进程，以及理应对联邦政府绩效目标产生贡献的每个联邦政府机构、组织、项目活动、规章、财税支出、政策等实际做出的单独贡献。

（3）机构战略规划

《绩效现代法案》规定，每个联邦政府机构的负责人应在总统就任下一年的 2 月份首个星期一之前，在本机构网站上发布机构战略规划（agency strategic plan），并告知总统和国会。机构战略规划应该包含：

① 覆盖本机构主要功能和业务的综合性使命陈述。

② 本机构主要功能和业务的总体目标/任务，包括成效导向（outcome-oriented）的目标。

③ 关于本机构的目标/任务如何对联邦政府优先目标产生贡献的描述。

④ 关于本机构目标/任务如何实现的描述，包括：a. 对实现本机构目标/任务所需操作过程、技巧和技术，以及人力、资金、信息和其他资源的描述；b. 对本机构如何与其他机构协作以实现本机构目标/任务和联邦政府优先目

标的描述。

⑤ 关于本机构的目标/任务如何吸收来自国会的咨询意见的描述。

⑥ 关于联邦政府年度绩效计划中的绩效目标，包括机构优先目标，如何对本机构战略规划中的总体目标/任务做出贡献（如果适用的话）的描述。

⑦ 对可以显著影响本机构总体目标/任务实现的外部不可控因素的识别。

⑧ 关于在建立或修正本机构总体目标/任务时使用的项目评估的描述，并制定未来开展项目评估的时间表。

机构战略规划的实施周期不应短于战略规划提交所在财年之后的 4 年。联邦政府机构的负责人可以根据环境的显著变化对机构战略规划进行修正，但必须以适当的方式告知国会。在制定或修正战略规划时，联邦政府机构应定期征询国会的意见，每两年应至少征询一次国会相应委员会的意见。

（4）机构年度绩效计划

每个联邦政府机构的负责人应在每年 2 月份的第 1 个星期一之前，在本机构网站上公开一份本机构的年度绩效计划（agency performance plan），并告知总统和国会。该年度绩效计划应涵盖本机构年度预算中的每个项目活动，并且应当与机构的战略规划保持一致。

机构年度绩效计划应该：

① 建立年度绩效目标，以明确每个年度需要达到的绩效水平。

② 以客观的、可量化的和可测量的形式，将上述绩效目标表达出来，除非被授权可以其他替代方式表达。

③ 描述年度绩效目标如何贡献于：a. 本机构战略规划中建立的总体目标/任务；b. 联邦政府年度绩效计划中建立的联邦政府年度绩效目标。

④ 明确年度绩效目标中，哪些被指定为机构优先目标（如适用的话）。

⑤ 描述年度绩效目标如何实现，包括：a. 实现年度绩效目标所需的操作过程、培训、技巧和技术，以及人力、资金、信息和其他资源与战略；b. 明确确定的里程碑；c. 对每个年度绩效目标产生贡献的组织、项目活动、规章、财税支出、政策等，无论是机构内的还是机构外的；d. 对本机构如何与其他机构协作，以实现年度绩效目标和相关的联邦政府绩效目标的描述；e. 对每

个年度绩效目标的实现负责的机构官员，他们被称为目标负责人。

⑥ 建立一套均衡的绩效指标，用于测量或评估每个绩效目标实现的进程，包括（如适用的话）顾客服务、效率、产出和成效等指标。

⑦ 提供实际项目结果和所建立的绩效目标之间进行比较的依据。

⑧ 描述本机构如何确保用来测量年度绩效目标进度的数据的精确性和可靠性，包括明确以下事项：a. 用来核实与确认测量价值的方式；b. 数据的来源；c. 意图使用的数据所需要的精确度水平；d. 达到所需要的精确度水平的局限性；e. 为达到所需要的精确度水平，本机构如何采取措施弥补局限性。

⑨ 描述本机构面临的主要管理挑战，并明确应对挑战的计划措施，建立测量挑战解决进度的绩效目标、绩效指标和里程碑，明确本机构负责解决这些挑战的官员。

（5）机构优先目标

《绩效现代法案》规定：每个联邦政府机构的负责人或 OMB 主任指定的其他人，需要从本机构的年度绩效目标之中遴选确定出本机构的优先目标（agency priority goals）。OMB 主任应统筹确定整个联邦政府范围内的机构优先目标总数，并决定每个联邦政府机构需要确立的优先目标的数量。

机构优先目标应该：

① 由本机构负责人决定或根据联邦政府优先目标制定形成，应反映出本机构最优先解决的事项，并体现国会的咨询意见。

② 具有积极进取的目标指向且能在 2 年内实现。

③ 明确确定一名机构官员作为“目标负责人”，负责每个机构优先目标的实现。

④ 在更频繁的绩效更新能够提供具有显著价值的数据，且造成的行政负担处于合理水平的情况下，设立绩效指标的季度中期目标。

⑤ 有明确确定的季度里程碑。

4.3.2 优先目标的贯彻落实情况

鉴于 1993 年颁布的 GPRA 已行之有年，其确立的机构战略目标、年度绩效目标等长期以来已逐渐深入人心并得到有效落实，以下主要对《绩效现代法案》新引入的管理工具——“优先目标”的贯彻落实情况进行了考察。

（1）《绩效现代法案》的分步实施过程

考虑到美国政府各部门的实际情况，《绩效现代法案》制定了分步实施的策略，以渐次有序地将一个新的目标管理机制引入美国政府绩效管理体系。具体如表 4.3 所示。

表 4.3 《绩效现代法案》的实施步骤

关键时间节点	有关执行要求
2011 年 6 月 30 日	按照《绩效现代法案》要求，各联邦机构开始对 2011 财年预算中包含的机构优先目标的季度进展进行检查
2012 年 2 月 6 日	OMB 发布“临时”联邦政府优先目标，并按照《绩效现代法案》要求编制和提交联邦政府年度绩效计划 各联邦机构修订现有的本部门战略规划，制订并提交年度绩效计划，按照《绩效现代法案》的要求，确定新的或更新现有的机构优先目标
2012 年 2 月 27 日前	各联邦机构按照《绩效现代法案》的要求，更新 2011 财年的绩效报告
2012 年 6 月 30 日	OMB 开始对联邦政府优先目标的季度进展进行检查
2012 年 10 月 1 日前	OMB 开通运行覆盖所有政府部门的绩效专门网站
2014 年 2 月 3 日	伴随一个新的战略规划周期的开启，《绩效现代法案》开始全部、完整地施行

（资料来源：United States Government Accountability Office.MANAGING FOR RESULTS：GPRA Modernization Act Implementation Provides Important Opportunities to Address Government Challenges（GAO－11－617T）[R]. 2011：18.）

可见，从《绩效现代法案》正式生效的 2011 年 1 月 4 日到 2014 年 2 月 3 日之前的 3 年时间，属于法案实施的过渡阶段。2014 年 2 月 3 日之后，《绩效现代法案》才开始全部、完整地施行。

（2）联邦政府“优先目标”的贯彻落实情况

《绩效现代法案》生效后，历届美国政府均按照要求制定了为期 4 年的“联邦政府优先目标”（首批是过渡性质的为期 2 年的“临时”目标），并结合每年度总统提出的政府预算报告，制定了相应的年度绩效目标。具体如下：

——2012 年 2 月，奥巴马政府根据《绩效现代法案》的要求，提出了“宽带通信”“能源效率”等 15 个实施周期仅为 2 年（2012—2014）的“临时”联邦政府优先目标，并绩效专门网站 performance.gov 上进行了 5 次季度更新。

——2014 年 2 月，奥巴马政府首次正式提出了“网络安全”等 16 个实施周期为 4 年（2014—2018）的联邦政府优先目标（见附录 3），并按照《绩效现代法案》的要求，确定了每个目标的负责人，按季度对其实现进程开展监测等。值得注意的是，这期联邦政府优先目标，还首次列入了奥巴马的《总统管理议程》，标志着联邦政府优先目标和《总统管理议程》这两个管理工具的有机融合。

——2018 年 2 月，特朗普政府发布了最新版本的周期为 4 年（2018—2022）的联邦政府优先目标，并将其作为《总统管理议程》的主要内容。特朗普政府从转型关键驱动力、全局性优先领域、功能性优先领域、使命优先领域 4 个方面，制定了 14 个联邦政府优先目标。

OMB 建设运营的政府绩效专门网站 performance.gov 公开了最新版本的 14 个联邦政府优先目标的详尽信息。以其中的第 1 个优先目标——“IT 现代化”为例[①]，其展示的具体信息如表 4.4 所示。

表 4.4 “IT 现代化”联邦政府优先目标有关公开展示信息

类别	绩效专门网站上的具体展示内容
目标负责人	Steve Censky，美国农业部副部长 Suzette Kent，总统预算管理办公室（OMB）首席信息官
目标陈述	行政部门将建立和维护更加现代、安全、坚韧的信息技术，以更好完成其使命、提高其生产力——通过提高政府在 IT 支出方面的效率，实现价值驱动，在减费增效的同时提高公民对政府服务的满意度和参与度
挑战	包括：在获得能够提高 IT 服务效果、降低网络安全风险的企业成果方面的职责有限性；烦琐的政府采购和授权程序导致的最前沿商业化技术的迟缓采用；各联邦机构采用的拼凑式网络体系架构，以及对成本高昂、难以保护和升级的遗留系统的依赖

① IT 为信息技术（Information Technology）的英文缩写。

续表

类别	绩效专门网站上的具体展示内容
机会	包括：扩大有效的、经济的、安全的现代商业化技术的使用范围；通过保护 IT 系统、敏感数据和网络降低网络安全风险的影响；利用共同的解决方案和创新实践来提高效率、增加安全性，并最终满足公民的需求
行动计划与更新	2019 年 12 月、9 月、6 月《行动计划》（各季度行动计划可下载） 2018 年 12 月、9 月、6 月、3 月《行动计划》（各季度行动计划可下载）
关键绩效指标（KPI）	OMB 为该跨部门优先目标的关键绩效指标制定了专门的网页，公众可通过更加可视化和互动的面板数据，浏览关键指标的季度进展
资源	★“技术现代化”基金 ★“智慧云”政策 ★“联邦网络安全技能再提升学院”计划

（资料来源：美国政府绩效专门网站，https://www.performance.gov/CAP/it-mod/.）

根据“IT 现代化”优先目标的各季度《行动计划》，“IT 现代化”优先目标进一步分解为“提高联邦信息技术与数字化服务”“降低联邦任务的网络安全风险”“打造现代化信息技术职工队伍”3 项子目标，每项子目标又进一步细分为数量不等的子子目标，每个子子目标均设立了若干个“里程碑”，每个里程碑都包含了实现日期、当前状态、最近一个季度的变化、责任归属部门、预期存在的障碍及其他影响里程碑实现的问题等信息。OMB 按季度对这些里程碑信息进行更新，并发布在下一季度的行动计划之中。

为了更直观地展示“IT 现代化”优先目标的实现进展情况，OMB 还从各子子目标的里程碑中挑选了 12 个较为重要且为定量指标性质的里程碑，作为关键绩效指标（KPI），用来对 23 个联邦政府部门机构进行监测——每个部门每个季度在每个关键绩效指标上的实现进展情况均需在政府绩效专门网站上公开展示，便于社会各个方面对各政府部门实现优先目标的季度进展情况进行监督。12 个用于季度监测的关键绩效指标如表 4.5 所示。

表 4.5 “IT 现代化”联邦政府优先目标季度监测关键绩效指标

一级指标	二级指标	三级指标（KPI）
电脑网络安全	资产管理安全	1. 硬件资产管理
		2. 软件资产管理
		3. 授权管理
		4. 移动设备管理

续表

一级指标	二级指标	三级指标（KPI）
电脑网络安全	人员访问限制	5. 特权网络访问管理
		6. 高价值资产网络访问管理
		7. 自动访问管理
	网络与数据保护	8. 入侵探测与预防
		9. 泄露与防护
		10. 数据保护
		11. 基于域的邮件身份验证、报告及一致性（DMARC）协议
云邮件采用	云邮件采用	12. 云邮件采用

（资料来源：美国政府绩效专门网站，https://www.performance.gov/CAP/it-mod/.）

根据绩效专门网站显示的信息，“IT 现代化”联邦政府优先目标在跨部门的中央层面和各部门机构层面，均得到了有力支撑落实。在中央层面，“IT 现代化”优先目标由“技术现代化”基金、“智慧云”政策、“联邦网络安全能力再提升学院”计划 3 个跨部门的中央层面基金/政策/计划支撑实现。其中，截至 2019 年，“技术现代化”基金共资助美国住房和城市发展部、能源部等 6 个部门实施了 9 个项目，资助总金额为 8 148 万美元。

在部门层面，各联邦政府部门机构通过机构优先目标等多种途径，支撑落实联邦政府优先目标。根据“IT 现代化”优先目标 2019 年度第 4 季度的《行动计划》，美国国土安全部在 2019 年的财政预算报告中提出了“加强联邦网络安全”这一机构优先目标。为支撑该机构优先目标的实现，国土安全部启动了“持续诊断以及缓解”“国家网络安全保护系统”“高价值资产计划”“网络狩猎与网络事件应对团队”“网络卫生扫描”等计划（program）。美国国土安全部的“加强联邦网络安全”机构优先目标及其设立的一系列计划/项目，将为中央层面的“IT 现代化”优先目标（具体而言是其第 2 个子目标“降低联邦任务的网络安全风险”）提供工具和服务方面的贡献与支撑。另外，美国总务署的政府政策办公室、联邦采购服务中心，美国联邦人事管理局的雇员服务中心等机构也将对“IT 现代化”优先目标的实现做出贡献。

“IT 现代化”联邦政府优先目标与中央层面、部门层面各种要素之间的支撑贡献关联情况如图 4.1 所示。

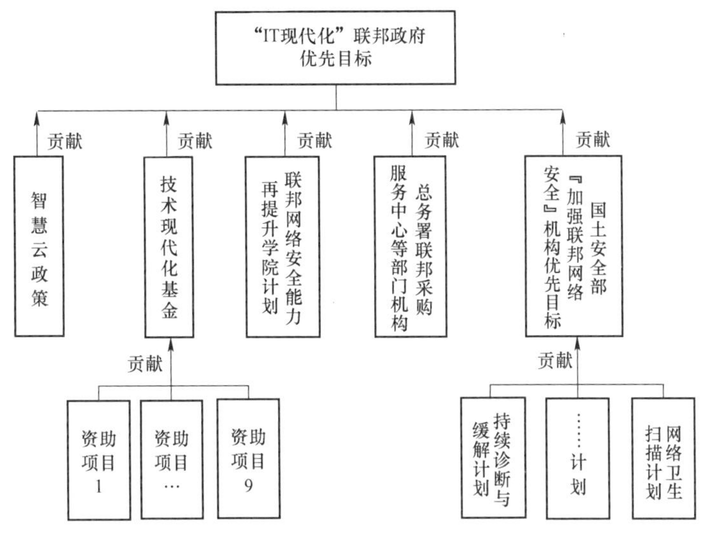

图 4.1　美国“IT 现代化”联邦政府优先目标的执行体系

根据图 4.1 不难看出，“IT 现代化”联邦政府优先目标通过多个执行路径获得了切实的支撑落实。首先，在中央政府层面，有“技术现代化”基金、“智慧云”政策等各类联邦政府的计划/政策/基金等，以及总务署联邦采购服务中心等机构支撑落实；其次，在部门层面，国土安全部设立的“加强联邦网络安全”机构优先目标对其有支撑实现作用，国土安全部设立的“持续诊断与缓解计划”等既能支撑落实本部门优先目标，进而也能对“IT 现代化”联邦政府优先目标的实现提供支撑作用。由此，通过不同层级要素之间的支撑贡献关系，实现了“国家规划目标—部门规划目标—计划/政策—项目”不同层级要素之间的逻辑链接。

（3）部门机构“优先目标”的贯彻落实情况

《绩效现代法案》生效之后，各联邦机构按照法律要求均制定了数量不等的本部门机构优先目标。2013 年，为评估《绩效现代法案》对“机构优先目标”有关要求的执行落实情况，GAO 对 24 个联邦机构制定的 102 个 2012—2013 财年机构优先目标进行了检查评估。结果显示，各联邦机构都执行落实了《绩效现代法案》中的三项要求：一是确立了在 2 年时间内完成的绩效目标；二是明确了这些机构优先目标对本机构战略规划目标的贡献关系；三是为每个机构优先目标指定了专门的负责人（GAO，2013）。以美国科学基金会（NSF）制定的“孵化 NSF 创新型企业”机构优先目标为例，其目标制定情况如图 4.2 所示。

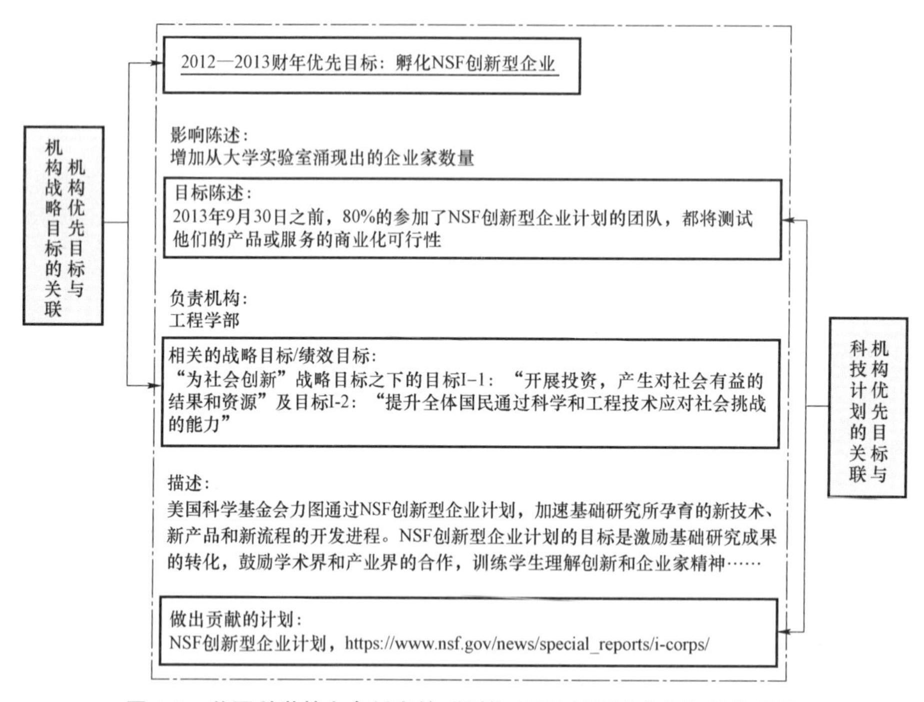

图 4.2　美国科学基金会制定的“孵化 NSF 创新型企业”优先目标

（资料来源：United States Government Accountability Office.MANAGING FOR RESULTS：Agencies Should More Fully Develop Priority Goals under the GPRA Modernization Act［R］. 2013：12. 在原图基础上有修改）

从图 4.2 可以看出，美国科学基金会制定的“孵化 NSF 创新型企业”机构优先目标，由工程学部负责组织实施和实现，具体由该基金会的“NSF 创新型企业计划”支撑实现；同时，“孵化 NSF 创新型企业”机构优先目标又支撑美国科学基金会“为社会创新”机构战略规划目标（其中的 2 个子目标）的实现。因此，构建形成了“计划（项目）→机构优先目标→机构战略规划目标”的逻辑链接。

但是，GAO（2013）在评估报告中也指出，对于《绩效现代法案》的其他一些要求，各联邦机构并没有很好地执行。例如，虽然《绩效现代法案》要求各联邦机构明确对本机构每个优先目标做出贡献的内部和外部联邦组织、项目和活动等，但是在 102 个机构优先目标中有 34 个未遵从这一要求，其中有不少属于存在来自外部的贡献但并没有列出的情形。以图 4.2 中美国科学基金会设立的“孵化 NSF 创新型企业”机构优先目标为例，GAO 根据过去的审查报告发现，有 13 个联邦机构围绕着科学、技术、工程和数学（STEM）教育启动了 209 个大大小小的计划/项目，其中有不少能对美国科学基金会的这一机构优先目标产生贡献关系，但美国科学基金会并未将其列出。如果各部门不对来自外部的贡献因素进行识别，人们就很难知晓这些部门是否努力进行了协调以减少部门之间的交叉和重复。

又如，虽然《绩效现代法案》要求各联邦机构在制定本机构优先目标时，在适用的情况下，需要说明本机构优先目标对中央层面联邦政府优先目标的贡献关系。但是 GAO 发现，在对联邦政府优先目标做出了贡献的 29 个机构优先目标中，仅有 2 个描述了两者之间的贡献连接关系。GAO 认为这要归咎于 OMB 为各联邦机构制定的指南文件，其中并未要求各联邦机构描述本机构优先目标对联邦政府优先目标的贡献关系。

再如，虽然《绩效现代法案》要求各联邦机构在制定优先目标时，要描述对国会咨询意见的采纳情况，但实际上仅有 1 个联邦机构进行了具体的描述；虽然 102 个机构优先目标按照《绩效现代法案》要求设立了季度里程碑，但其中 39 个并未明确具体的完成日期。虽然《绩效现代法案》要求各机构优先目标“在更频繁的绩效更新能够提供具有显著价值的数据……情况下，设立绩效指标的季度中期目标”，但事实上，由于缺乏认定标准，许多机构优先目标在应设立的情况下并未设立季度中期目标。

针对检查评估发现的上述种种问题现象，GAO 向 OMB 主任提出了系列具体建议措施，如：督促各联邦机构在政府绩效专门网站上，按要求上传每个机构优先目标的完整信息，包括对优先目标做出贡献的内部与外部组织、项目活动、规章、财税支出、政策等的描述，以及在设立优先目标时如何吸纳国会咨询意见的描述等；修改完善指南文件，明确“具有显著价值的数据”的定义标准，并根据定义标准督促有关联邦机构设立季度中期目标，并在绩效专门网站上公布；督促各联邦机构描述本机构优先目标对联邦政府优先目标的贡献关系；指导各联邦机构为所有里程碑（无论是短期的还是长期的）

设定具体的完成日期，并在绩效专门网站上公布等。

4.4 美国政府绩效目标管理的机制特点分析

根据上述分析，以及对《绩效现代法案》有关内容的梳理，作者认为，以《绩效现代法案》为代表的美国政府绩效管理模式，在目标管理方面体现出以下几个特点。

4.4.1 层次清晰、逻辑关联的目标体系

在GPRA确立的部门层面绩效目标（机构战略规划目标、年度绩效目标）的基础上，《绩效现代法案》引入了“优先目标”这一管理新工具，这是美国历史上首次以法律形式确立中央层面的绩效目标。中央层面的优先目标的引入，使美国政府绩效目标体系得以进一步完整确立。该绩效目标体系体现出以下特征：

——包括中央、部门、项目3个不同层级的目标。首先在中央（白宫）层面，《绩效现代法案》制定了需要由多个部门共同合力完成的联邦政府优先目标。其次在部门层面，《绩效现代法案》要求各个联邦机构在制定本机构的战略规划目标时，要描述其对联邦政府优先目标（即上一层级的中央层面目标）产生的贡献。最后在项目层面，《绩效现代法案》要求各联邦机构明确本机构所负责项目的目标，并描述这些项目目标对本机构目标使命的贡献。

——涉及长期、中期、短期3个不同时间跨度的目标。由于联邦政府优先目标、机构战略目标均属于长期性质（4年以上）[①]，因此《绩效现代法案》又将这两类目标进一步细化到了各个年度，即联邦政府年度绩效目标、机构年度绩效目标（1年）。其中：联邦政府年度绩效目标须与联邦政府优先目标一致；机构年度绩效目标不仅要描述对本机构战略目标（上级目标）的贡献，

① 为了使各联邦机构战略规划目标的实施周期与联邦政府优先目标的实施周期保持一致，便于两类目标更加顺利地衔接，《绩效现代法案》将机构战略目标的实施周期下限，由GPRA规定的5年调整到4年。

还要描述对联邦政府年度绩效目标（上级目标）的贡献。另外，《绩效现代法案》还要求每个机构从本机构年度绩效目标中遴选出最优先的事项，确立为本机构“优先目标”（需 2 年内完成），而且机构优先目标也需要贯彻落实联邦政府优先目标。

由此，上述覆盖中央政府、部门机构、项目 3 个行政层级以及长期、中期、短期 3 个时间跨度的 6 类目标，基于相互之间的“贡献”关系，通过法律制度紧密地联系在了一起，自上而下地形成了美国政府绩效管理的“目标树”体系，如图 4.3 所示。

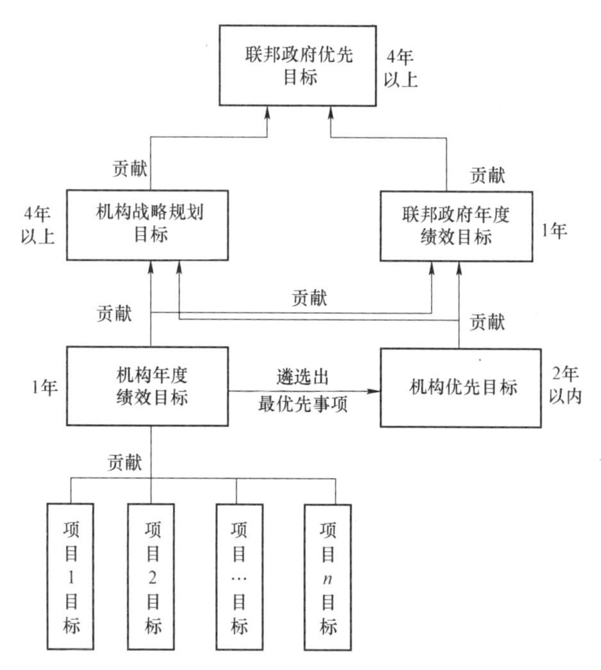

图 4.3　美国《政府绩效与结果现代法案》确立的绩效目标体系

同时也不难看出，《绩效现代法案》在确立绩效目标体系时，注重了以下几个维度的区分：

一是目标层次上的区分。既新增了需要总统预算管理办公室（OMB）牵头组织、协调实施的中央层面的联邦政府优先目标，同时也保留了 GPRA 设立的部门层面的机构战略规划目标，使得完整的政府规划目标体系得以建立。

二是时间跨度上的区分。既包含了长期的战略规划目标（4 年以上），也包含2年以内的优先目标，以及周期1年的年度目标，统筹兼顾了长期、中期、短期三种不同性质的目标，使得规划目标的实现更具有可操作性和可行性。

三是优先程度上的区分。将目标划分为优先和非优先两类。联邦政府优先目标（4年）和机构优先目标（2年）的确立，明确了中央和各部门的核心任务，打破了以往无差别化、同质化的管理方式，有利于各级政府将资源和精力集中到最核心、最关键的目标上来，这种符合“二八定律”的做法显然有利于政府在近期和远期两个时间维度上实现绩效的提升。

更为关键的是，随着“目标树”的建立，无论是中央层面还是部门层面的政府规划目标、年度目标，都与各部门每年立项的项目（或其他财政支出）实现了逻辑关联，从而顺利打通了“规划→计划→项目”逻辑链条，使中央层面、部门层面的规划目标都能够“落实”到具体的项目层面，既保证了规划目标的落实落地，也为其监测与评估的开展奠定了前提基础。

4.4.2 责任明确、分层有力的组织保障体系

除了建立“目标树”体系外，《绩效现代法案》还构建了相应的责任组织体系，以促进和保障绩效目标的顺利实现。

（1）明确各级目标负责人

《绩效现代法案》明确要求，每类绩效目标都要确定负责人。从最顶层的联邦政府优先目标开始，每个目标均须指定具体的负责人——如2014年公布的16个优先目标之一“网络安全”的目标负责人分别是：总统高级顾问、白宫网络安全协调员 Michael Daniel，国土安全部常务副部长 Russell Deyo，国防部副部长 Bob Work，美国政府首席信息官 Tony Scott。每个联邦政府年度绩效目标、机构年度绩效目标、机构战略规划目标、机构优先目标也都要明确具体的负责人，负责协调各方努力，以促进目标的顺利实现。

值得一提的是，2012年设立的15个联邦政府“临时”优先目标的负责人均由总统的各类办公室或咨询机构的人员担任。但从2014年开始，OMB对优先目标负责人的结构进行了调整，在总统的各类办公室或咨询机构人员之外，新增加了相关联邦政府机构的人员（一般是副部级的分管领导）作为

目标负责人。如在上述“网络安全”联邦优先目标的负责人中，就新增加了国土安全部和国防部的副部长。增加各部门的人员作为联邦政府优先目标负责人，能够提高各部门参与实现联邦政府优先目标的积极性，有利于发挥各部门的业务专长、调动各部门的资源，以及促成更为广泛、深入的跨部门合作（GAO，2016）。

（2）任命部门首席运行官和绩效改进官

《绩效现代法案》明确规定，每个联邦政府机构都要设立“首席运行官”（Chief Operating Officer，COO）一职，由每个机构的副首或同等人员担任。首席运行官的职责是负责改进本机构的管理和绩效，包括：① 统筹整个机构的组织管理，通过战略和绩效的规划、测量、分析、常态化进程评估，以及绩效信息的使用，提升本机构的绩效，实现本机构的使命和目标；② 协助本机构的负责人执行《绩效现代法案》中的有关条款要求，并提供建议咨询；③ 在本机构内部和联邦政府范围内，监督特定机构的工作表现，以提升管理效能；④ 与影响本机构使命目标实现的内外部人员（如首席财务官、人力资源官、信息官，高级采购经理等）协调与合作。

《绩效现代法案》还规定，每个机构还应设置“绩效改进官”（Performance Improvement Officer，PIO），由各机构负责人征求其机构首席运行官意见后，指派本机构的一名高级执行人员担任。绩效改进官直接向首席运行官报告，并在其指导下开展工作。具体职责包括：① 协助机构负责人和首席运行官开展工作，以确保通过战略和绩效的规划、测量、分析、常态化进程评估，以及绩效信息的使用，提升本机构的绩效，实现本机构的使命和目标；② 在机构目标（包括和其他机构合作共同完成的目标）的选择上，向机构负责人和首席运行官提出建议；③ 协助机构负责人和首席运行官，监督《绩效现代法案》中有关战略规划、绩效计划和绩效报告等条款内容（包括本机构对联邦政府优先目标的贡献）在本机构的执行落实情况；④ 支撑机构负责人和首席运行官对本机构绩效进行常态化检查，包括每季度至少开展一次针对本机构优先目标实现进展的检查；⑤ 协助机构负责人和首席运行官对本机构的员工绩效进行评价，适当情况下也可对其他机构的员工绩效和规划制定过程进行评价；⑥ 确保本机构所有目标的实现进度都被本机构和国会的领导、管理层和员工知晓，并在本机构的网站上公开。

（3）组建绩效改进委员会

《绩效现代法案》还专门设立了“绩效改进委员会”（Performance Improvement Council，PIC），绩效改进委员会主席由 OMB 副主任担任，成员由来自各机构的绩效改进官，以及委员会主席认为合适的其他人员构成。

绩效改进委员会的主要职责是：① 协助 OMB 主任改进联邦政府绩效、实现联邦政府优先目标，以及执行落实《绩效现代法案》中关于联邦政府优先目标的规划制定、绩效信息报告和使用等方面的相关要求；② 解决特定的联邦政府整体性的或者跨部门的绩效问题；③ 促进部门之间绩效改进实践经验的共享交流；④ 与其他跨部门的委员会进行协调；⑤ 征求其他非联邦政府组成部门，尤其是较小部门的意见建议；⑥ 关注企业、非营利组织、国外政府、地方政府、公共事业单位、政府雇员及服务对象等在绩效改进方面的经验等。

绩效改进委员会可以下设分委员会，处理特定领域的事项；可以向 OMB 主任，或通过 OMB 主任向美国总统提出改进政府绩效管理方面的政策建议。

《绩效现代法案》要求，美国总务署须为绩效改进委员会提供行政和其他方面的支持，各部门也要支持绩效改进委员会的工作，满足委员会提出的有关要求。

《绩效现代法案》确立的绩效目标责任组织体系架构如图 4.4 所示。

4.4.3 科学严密的监测评估体系

（1）建立了基于年度绩效报告的“自评估+外部检查”模式

《绩效现代法案》规定，在每个财年结束后的 150 天之内，每个机构都要将取得的实际绩效，与本机构年度绩效计划中确立的年度绩效目标进行比对，并根据比对结果更新本机构的绩效信息。绩效信息更新要在本机构的网站上公开，并报送 OMB。

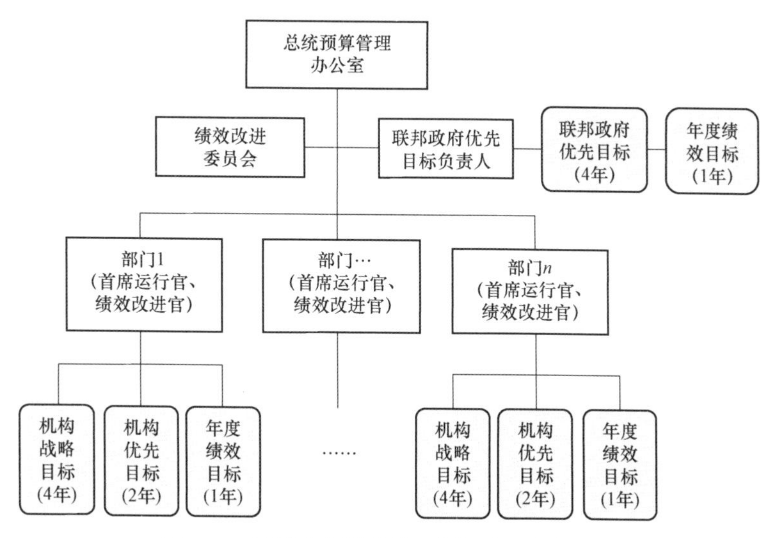

图 4.4　美国政府绩效管理目标责任组织体系

绩效信息更新的主要内容包括：① 检视上个财年的年度绩效目标是否成功实现；② 根据实际取得的绩效结果，对当前财年的年度绩效计划进行评估；③ 针对没有完成的绩效目标，进行解释和阐述——目标为什么没有完成？为继续实现绩效目标，制定了什么计划或进度表？如果绩效目标是不切实际的或不可行的，为什么会这样？建议采取什么行动？④ 对绩效目标和绩效计划中关于机构人力资源战略管理的部分进行检查评估；⑤ 描述本机构如何确保用来测量年度绩效目标进度的数据的精确性和可靠性，包括明确数据核实与确认的方式，数据的来源，数据所需要达到的精确度水平，达到所需精确度水平的局限性以及为弥补局限性本机构采取的措施。

除了每个机构进行年度“自评估”外，OMB 还会每年对各个机构的绩效表现进行检查，以确定每个机构部署的项目和开展的活动是否实现了该机构年度绩效计划中的绩效目标。针对未实现的绩效目标，OMB 将向参议院国土安全与政府事务委员会、众议院监督和政府改革委员会、政府问责局（GAO）提交专门报告，同时抄送该机构的负责人。

如果 OMB 认定某机构开展的项目或活动未实现上一个财年的绩效目标，该机构的负责人则需要向 OMB 提交“绩效改进计划”，针对每个未实现的绩效目标的相关项目，明确可测量、可考核的里程碑，以强化项目的实施效果。该机构同时还应指派一名高级官员，监督每个未实现的绩效目标的绩效改进计划落实情况。

如果OMB认定某机构开展的项目或活动连续2个财年未实现绩效目标，那么该机构的负责人则需要向国会提交“行动计划”，包括本机构提议采取的法律变更措施或计划开展的行动，以改进提升绩效。如果确实需要的话，该机构负责人还可以申请额外资金以实现绩效目标，但必须获得OMB主任的认可，并对相关项目进行重新规划设计或对权力进行重新分配。

如果OMB认定某机构开展的项目或活动连续3个财年未实现绩效目标，那么OMB主任需要在60天内向国会提出建议措施，包括：对未实现绩效目标的每个项目或活动进行重新授权，为实现绩效目标建议采取的法律变更措施，计划开展的行动，或识别出需要终止或减少预算的项目等，如图 4.5 所示。

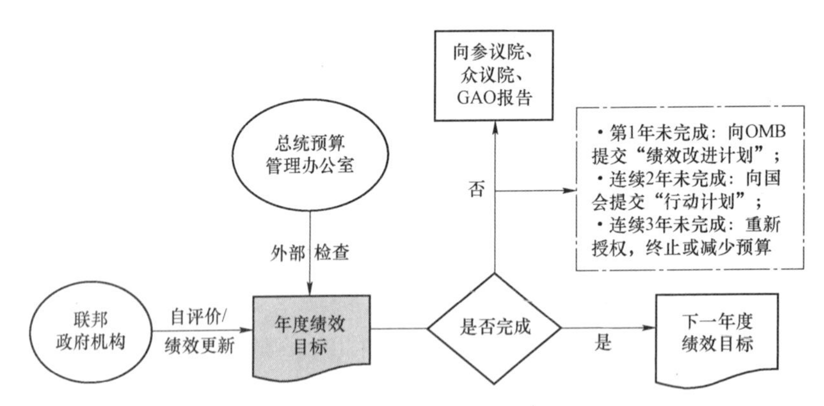

图 4.5　美国政府机构年度绩效目标的“自评估+外部检查”机制

（2）针对优先目标建立了“季度检查评估”制度

优先目标作为《绩效现代法案》引入的新管理工具，是美国联邦政府工作的重中之重。为此，《绩效现代法案》针对优先目标建立了“季度检查评估”的制度，如图 4.6 所示。

——针对联邦政府优先目标，OMB 主任在绩效改进委员会的支持下，需要至少每个季度开展以下工作：

① 与有关政府领导一起，检查每个优先目标最近一个季度的进展、整体趋势数据，以及实现既定绩效水平的可能性。

② 评价机构、组织、项目活动、规章、财税支出、政策等是否按照原

定计划对每一个联邦政府优先目标做出了贡献。

③ 按照不能实现既定绩效水平的风险，对联邦政府优先目标进行分类。

④ 对于不能实现既定绩效水平风险最大的联邦政府优先目标，要明确改进提升绩效的前景和策略，包括对机构、组织、项目活动、规章、财税支出、政策等做出的必要调整。

——针对机构优先目标，每个机构的负责人和首席运行官在本机构的绩效改进官的支持下，需要至少每个季度开展以下工作：

① 与目标负责人一起，检查每个机构优先目标最近一个季度的进展、整体趋势数据，以及实现既定绩效水平的可能性。

② 与贡献于每个机构优先目标顺利实现的内外部人士进行协调。

③ 评价相关组织、项目活动、规章、政策等是否按照原定计划对每一个机构优先目标做出了贡献。

④ 按照不能实现既定绩效水平的风险，对机构优先目标进行分类。

⑤ 对于不能实现既定绩效水平风险最大的机构优先目标，要明确改进提升绩效的前景和策略，包括对机构项目活动、规章、政策等做出的必要调整。

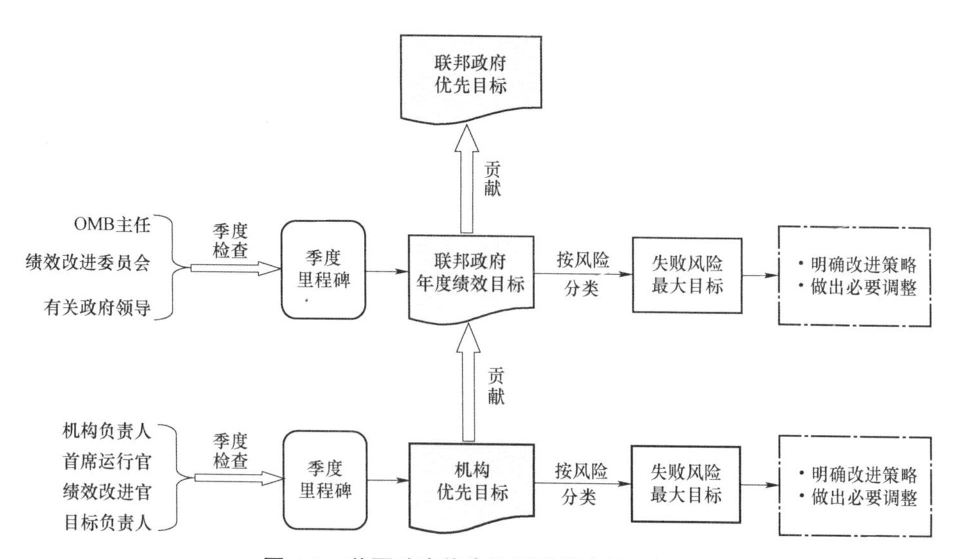

图 4.6　美国政府优先目标的季度检查机制

4.4.4 刚性的外部监督机制

除了上述机制之外，《绩效现代法案》还针对绩效目标的管理建立了法定的外部监督机制。

首先是来自国会的顶层监督。《绩效现代法案》除了要求各部门和OMB主任在制定或修改战略目标、优先目标等目标时必须咨询国会的意见之外，还明确规定“国会拥有确立、修正、中止和废止联邦政府或各联邦机构的任何目标的完整权力”。

其次是美国政府问责局（GAO）的监督。《绩效现代法案》要求GAO从部门、中央两个层面评估《绩效现代法案》的执行情况，并将评估报告提交给国会。具体包括：在部门层面，GAO要对各联邦机构如何执行《绩效现代法案》以改进绩效管理的情况开展评估，包括评估各部门是否通过绩效管理改进本部门项目的效率和效果等；在中央层面，GAO要对联邦政府的优先目标、联邦政府绩效计划等每4年开展一次评估①，而且在评估报告中，GAO必须提出关于如何完善《绩效现代法案》的执行落实，如何提高规划制定、绩效结果报告的工作效率等方面的意见建议。

按照《绩效现代法案》的上述要求，GAO从不同角度对《绩效现代法案》的执行情况开展了多次评估，针对发现的问题提出了具体改进建议，并向国会提交了报告。据GAO（2017）统计，自《绩效现代法案》2011年1月生效至2017年8月，GAO针对《绩效现代法案》的组织实施情况共发布了18份评估报告，对OMB和各联邦机构提出了100条建议。其中42条建议已经得到落实，另58条建议仍需进一步推动落实。

例如，在联邦政府优先目标方面，2012年GAO针对12个“临时”联邦政府优先目标专门进行了评估，并在发布的评估报告中指出，这些“临时”优先目标未充分利用相关方面的资源，有可能错失实现这些目标的重要机会。对此，OMB逐一识别和增列了与每个“临时”联邦政府优先目标相关

① 《绩效现代法案》要求OMB应在2012年制定“临时”联邦政府优先目标，GAO应在2015年9月30日之前提交初始评估报告，2017年9月30日前提交后续报告，此后再每4年定期开展评估。

的部门、机构和计划/项目等。2014 年，GAO 继续针对联邦政府优先目标进行了评估，指出这些优先目标在绩效的报告方面，与《绩效现代法案》的要求相比存在许多差距。对此，OMB 更新修订了指南文件，并开发了一个新的统一绩效报告模板，以帮助每个联邦政府优先目标的负责团队按照《绩效现代法案》要求完成绩效报告（GAO，2016）。

在机构优先目标方面，如前所述，GAO 于 2013 年对各部门制定的 102 个机构优先目标进行了评估，也发现了不少问题，并向 OMB 提出了一系列的改进措施建议，督促 OMB 和各联邦机构严格按照《绩效现代法案》要求制定和管理各机构优先目标。

GAO 开展的这些检查评估，一方面有利于国会了解掌握《绩效现代法案》的执行情况，另一方面也有利于督促 OMB 和联邦政府各部门切实贯彻《绩效现代法案》中的有关要求，有助于促进联邦政府优先目标、机构战略目标和优先目标的顺利实现。

除上述机制之外,《绩效现代法案》还要求 OMB 制定发布操作指南文件，以指导各联邦机构及时向绩效专门网站提供简明扼要的绩效信息。另外，美国联邦人事管理局要在《绩效现代法案》生效后 1 年内，会同绩效改进委员会，明确联邦政府雇员在制定目标、评估项目、分析使用绩效信息以改进政府管理效率和效果方面所需的关键技能；人事管理局要在《绩效现代法案》生效后 2 年内，会同每个联邦机构，对其相关雇员进行培训。这些机制无疑也为美国政府绩效目标管理的有效开展提供了有力支撑和保障。

4.5　本章小结

国内学者马国贤（2005）认为，从某种意义上说，美国政府 20 世纪 90 年代的政府绩效管理改革是尼克松时代目标管理预算模式的延伸。但作者认为，这一延伸并不是一帆风顺的——虽然 1993 年通过的 GPRA 确立了各部门的战略规划目标、年度绩效目标，通过目标关联关系建立了“部门规划—年度计划—项目”之间的逻辑链条，但是 GPRA 在目标管理上的缺陷也是明显的：首先，它并没有设立中央层面的战略目标，难以对跨部门的重大战略事项进行统筹协调；其次，没有对各部门的战略目标进行优先度上的区分；再次，虽然 GPRA 制定了年度绩效报告制度，但是绩效报告和结果的使用缺乏制度上的系统安排；最后，没有建立足够的目标管理保障机制。

之后的项目评级工具（PART）则“误入歧途”，企图采用私营部门的企业管理方式来改进联邦政府的公共管理，不可避免地落入过分关注项目绩效与等级的短视窠臼——PART 的运行流程包括 8 个环节，在“选择绩效指标，确定测评重点”环节，PART 并没有使用 GPRA 提供的多样化绩效指标，而是只选取了其中的结果指标、产出指标和效率指标作为测评重点，具有较为明显的工具主义倾向（盛明科等，2017）。而且在 PART 工具下，预算结果的使用方法多以合规性的事后惩戒为主，而非聚焦于预算系统的改进或政府行政系统的改进，但过度“事后的、控制导向与惩戒为主”的绩效结果的消极使用，反而会抑制一线管理者的绩效管理创新，可能导致项目管理部门的逆向选择（鲁清仿等，2019）。

《绩效现代法案》（GPRAMA）的出台，不仅及时扭转了 PART 的错误倾向，而且弥补了 GPRA 在目标管理上的短板缺陷。

首先，《绩效现代法案》通过引入“优先目标”这一中央层面的目标，使得美国政府绩效目标体系得到完整确立。既能够有效避免各部门目标交叉重复、“群龙无首”以及推诿扯皮等现象的产生，又使得各部门的绩效努力和绩效评估结果拥有了明确的应用指向，通过绩效目标的逐层“递进关系”提高各部门绩效评估信息的使用效率。

其次，通过联邦政府优先目标、部门机构优先目标的设立，实现了战略目标的价值排序，明确了目标的优先等级。根据洛克和莱瑟姆（1990）提出的“目标设定理论”，当绩效目标明确（具体）且有难度时，绩效目标能导致最高水平的绩效，并且明确而困难的目标能比简单或含混不清的目标带来更高的绩效。优先目标和非优先目标的区分，明确了政府工作与资源配置的重点，能够帮助各级政府将主要工作精力和资源聚焦到最优先需要实现的目标任务之上，显然有利于政府绩效水平的提高。而且与优先性相伴随的是执行强度、监督检查力度的加大——与 GPRA 仅要求开展年度绩效报告相比，联邦政府/机构优先目标需要制定季度里程碑，需要针对每个季度的执行进展持续开展监测，执行强度与监管力度无疑显著增强。

再次，《绩效现代法案》为各级各类目标的实现制定了有力的配套保障措施。包括：与目标体系相对应的责任体系和组织保障、科学严密的监测评估体系、刚性的外部监督机制，以及必要的指导和培训等。

2018 年，GAO 在回顾美国联邦政府 50 年来的预算绩效实践时，认为脱离行政过程而过度关注技术性是过去联邦政府预算绩效管理失败的主要原因（鲁清仿等，2019）。而《绩效现代法案》强调中央政府（白宫）规划目标、部门战略规划目标与预算项目目标之间的逻辑性，通过目标之间的关联贡献关系来提高预算资源的配置与使用效率，实现了政治性与技术性的统一。换言之，《绩效现代法案》提供了一种结构化的系统性方法（即目标管理机制），将政府的战略规划、年度绩效目标和实际运行的项目活动及其预算请求结合在了一起，而这是以往各届美国政府在开展绩效管理改革时没有做到的。

《绩效现代法案》颁布实施 10 年来，虽然 GAO 在历次外部评估中都指出了不少实施中的具体问题，但总体而言，其组织实施仍然是平稳顺利并不断改进的，而且并没有招致像 GPRA 和 PART 那样众多的批评和不满。这也能从侧面反映，《绩效现代法案》设计的以目标管理机制为显著特征的政府绩效管理模式相对而言是比较成功的。

第 5 章　欧盟战略规划的目标管理机制研究

欧洲联盟（以下简称“欧盟”）自 1993 年成立以来，共推出了《里斯本战略》（执行周期 2001—2010 年）、《欧洲 2020 战略》（执行周期 2011—2020 年）两个战略发展规划。虽然这两个战略规划属于综合性的增长规划性质，但就目标管理的机制模式而言，其与科技发展规划是相通的，因此具有参考借鉴价值。本章将以这两个战略规划为对象，重点针对其目标管理机制展开研究。

5.1 《里斯本战略》组织实施情况分析

5.1.1 《里斯本战略》的实施概况

2000 年 3 月，欧洲理事会（又称“欧盟首脑会议”，是欧盟最高决策机构）在葡萄牙首都里斯本通过了首份十年战略发展规划，即通常所称的《里斯本战略》（又称《里斯本议程》），内容主要涉及经济社会发展、教育科研与就业等多个方面。

面对全球化和新知识经济的挑战，《里斯本战略》提出了未来十年发展的宏伟目标——“把欧盟打造成为世界上最具竞争力和活力、以知识为基础的经济体，创造更多更好的工作机会、更强的社会凝聚力，实现经济的可持续增长”，并围绕经济发展、就业、科研、教育、社会福利、社会稳定等方面共制定了 28 个主目标和 120 个次目标（尚军，2010），包括：欧盟经济增长率年均达到 3%；R&D 支出占 GDP 的比值到 2010 年不低于年均 3%；平均就业率达到 70%，其中妇女就业率 60%，老人就业率 50%；年轻人在校辍学率减半，儿童入托率明显提高（施光学，2007），等等。

但是，《里斯本战略》的执行并不像预想的那样顺利。2004 年，应欧洲理事会要求，欧盟委员会成立了一个由荷兰前首相 Wim Kok 为主席的高级别小组，对《里斯本战略》的实施情况开展中期评估，并独立形成了报告（简称《科克报告》）。该报告认为，虽然《里斯本战略》执行即将过半，但结果却是“令人失望的”，当初制定的许多目标的执行进展都很缓慢，例如：在《里斯本战略》实施这几年，工作机会的净增长速度显著降低，实现 2010 年平均就业率达到 70%、老人就业率达到 50%的目标风险很大；在研发方面，只有 2 个欧盟国家的研发支出占 GDP 的比例超过了 3%，其他国家的这一比例都在 3%以下；为每位老师提供数字化培训的进展也非常令人失望。

2004 年 10 月，即将离任的欧盟委员会主席普罗迪在接受英国《金融时报》采访时曾大为感叹：《里斯本战略》是“一个巨大的失败”。《科克报告》也把矛头指向了欧盟各国领导人，并警告说，如果各成员国不尽快承担起责任、采取措施，《里斯本战略》难免会成为一个“失信和失败的同义词”。

根据《科克报告》给出的中期评估结论和有关建议，2005 年欧洲理事会决定重启《里斯本战略》，主要举措包括：重新调整发展重点，将“增长和就业”作为战略首要目标，即优先确保实现到 2010 年达到 70%的平均就业率，研发投入增加到占 GDP 的 3%，并在完成这两项目标的前提下实现 3%的年经济增长率（姚玲，2010）；同时加强了执行力度，如要求各成员国依据《里斯本战略》制订本国的国家改革计划（NRP）——2005—2006 年，欧盟所有的 25 个成员国均制订了本国的国家改革计划。

虽然重启后的《里斯本战略》更加符合实际，在执行上也更为有力，但 2008 年突如其来的金融危机对包括欧盟经济在内的全球经济造成了重创。由于在 2010 年结束时，《里斯本战略》确立的主要目标（如 70%的就业率、3%的研发支出占 GDP 比值、3%的年经济增长率）一个都没有实现，因此在外界看来，《里斯本战略》是一份执行失败的文件[①]。

5.1.2 《里斯本战略》执行失败的原因分析

导致《里斯本战略》执行失败的原因有很多。例如《科克报告》就将失败归咎于“超载的议程”“糟糕的协调”和“目标优先性上的冲突”，而且关键的问题是“缺乏坚定的政治行动”。

经过对多方观点的梳理，《里斯本战略》执行失败的主要原因可归结为以下三方面的因素：

① 不科学的目标设置。《里斯本战略》一开始便制定了 28 个主目标和 120 个次目标，不仅目标数量明显过多，而且文件中没有明确这些目标的优先秩序。另外，各个目标的分工机制与责任主体也没有明确，哪些目标是欧盟层面的任务、哪些是成员国层面的任务，并没有厘清。虽然 2005 年《里斯本战略》重启后将优先性聚焦在少数几个目标上，并且采取了一些补救性的执行措施，但为时已晚。

② 缺乏有力的治理手段。为实现设定的战略目标，《里斯本战略》特意引入了“开放式协调法”（open method of coordination）这一管理手段。根据《里斯本战略》的描述，开放式协调法主要用来帮助各成员国制定本国的政策，具体包括：① 帮助欧盟制定指导方针以及与各成员国共同设立完成目标的短、中、长期时间表；② 在适当的场合下，设立定量和定性指标，通过与全球最佳实践相比较的方式，树立对照全球最高标准、契合各成员国实际需要的标杆；③ 在设定具体目标、采取有关措施、考虑不同国家和地区差异的基础上，将上述欧盟指导方针转化成国家和地区性的政策；④ 组织开展定期监测、评估和同行评议，作为互相学习的过程。

虽然开放式协调法具有融合民主参与和政治参与为一体、平衡竞争与合作的关系、缓解一体化与个性化的矛盾等特点（赵叶珠等，2009），但是，

---

① 关于《里斯本战略》是否执行失败，学界仍存有争议。《里斯本战略》作为欧盟地区的首份增长战略，对于提升欧盟地区内部的凝聚力和集体意识无疑具有积极正面的意义。欧盟委员会在《里斯本战略》的最终评估报告中也极力强调了这一点。但是如果单从目标实现的角度来看，《里斯本战略》的执行无疑是失败的。

它毕竟是一种自我反思式的、去中心化的“软治理”方式，对于欧盟各成员国并没有硬性的约束。引入开放式协调法的初衷也许是好的，但正是这种偏软性的治理手段，导致了《里斯本战略》各项目标任务执行的缓慢和最终的失败。

③ 不利的外部因素。主要包括欧盟东扩和经济衰退带来的挑战和不利影响。2004年5月，欧盟进行了一次历史上规模最大的东扩，马耳他、塞浦路斯、波兰等10个中东欧国家正式加入欧盟。虽然欧盟的阵容显著扩大了，但是新入盟的10个国家无论是在就业率、研发投入还是经济增长等方面，都与原先的欧盟10国有较大差距。2008年金融危机爆发，重挫全球经济；2009年12月希腊爆发主权债务危机并迅速蔓延至其他欧盟国家，更使欧洲经济雪上加霜。在此背景下，《里斯本战略》要想实现当初制定的战略目标，无疑难上加难。

5.2 《欧洲2020战略》组织实施情况分析

5.2.1 《欧洲2020战略》主要内容

（1）制定背景

2010年3月3日，欧盟委员会发布了《欧洲2020战略》。这是继《里斯本战略》之后欧盟发表的第二份发展战略。2010年6月，欧洲理事会正式批准了这一文件，《欧洲2020战略》开始正式生效。

《欧洲2020战略》发表于欧盟经济艰难复苏之际，2008年爆发的金融危机和2009年发生的主权债务危机对欧盟经济造成了巨大打击——2009年欧盟国家的GDP下降了4%，工业生产水平跌回20年前，回到20世纪90年代的水平，2 300万人（占经济活动人口的10%）失业。金融危机对欧盟国家的财政打击则更为严重，欧盟国家的平均财政赤字率达到7%，负债水平达到GDP的80%以上。可以说，两年的危机掏空了欧盟国家过去20年的财政积累。

《欧洲2020战略》认为，这样的严重局面暴露了欧盟过去在结构上的弱点：一是企业在R&D和创新上较低水平的投入，信息通信技术采用的不足，在社会某些方面不积极拥抱创新，市场准入存在障碍等因素导致欧盟国家与主要经济伙伴之间的生产力差距越拉越大，经济增长率也结构性地更低；二是目前20～64岁人口69%的就业率显著低于其他国家和地区，其中高龄工作者（55～64岁）就业率只有46%，而美国、日本的这一数字在62%以上；三是随着战后“婴儿潮”一代陆续退休，欧盟国家的老龄化开始加速，其经济活跃人口将从2013年或2014年之后开始萎缩，越来越少的工作人口和越来越多的退休人口将给欧盟的福利体系带来巨大的压力。

与此同时，欧盟面临的外部挑战与竞争形势也较以往更加严峻。一方面，欧盟与美国等发达国家的差距正在拉大；另一方面，中国、印度等新兴经济体正在大幅增加R&D投入，以实现在全球产业链、价值链上的跃升，使欧盟陷入“前后夹击”的境地。2008年金融危机的爆发，暴露了全球（包括欧盟）金融体系存在的宽松信贷、短视主义等问题，需要进行修整和重塑。全球人口激增、资源利用效率的不足等将在全球范围内加剧自然资源的争夺，给气候变化和生态环境带来巨大的压力和挑战。

（2）三大优先重点

为克服欧盟的结构性弱点，应对外部竞争和挑战，《欧洲2020战略》提出了未来发展的三大优先重点：① 智慧增长——发展以知识和创新为基础的经济；② 可持续增长——推进资源利用更加高效和绿色，以及更加具有竞争力的经济；③ 包容性增长——巩固高就业的经济，实现经济、社会和国土空间的和谐。

针对每一个优先重点，《欧洲2020战略》均明确了具体含义和需要采取的行动。以第一个优先重点“智慧增长”为例，《欧洲2020战略》指出：“智慧增长意味着增强知识和创新，使之成为我们未来增长的驱动力。这要求改进我们的教育质量，强化我们的科研绩效，在整个欧盟范围内促进创新和知识的转移，充分利用信息通信技术；确保创新的理念能够转化为新的产品和服务，从而创造增长和高质量的工作，并有助于应对欧洲和全球面临的社会挑战。但是，要想获得成功，上述这些还需要与企业家精神、金融，以及用户需求与市场机会相结合。”

因此，《欧洲 2020 战略》认为，欧洲必须采取以下行动：

——强化创新。欧洲的 R&D 支出低于 2%，而美国为 2.6%，日本为 3.4%，这主要源于欧洲的私营部门的 R&D 投入较低。不仅是 R&D 支出的绝对值，欧洲还要关注研发支出的影响和构成，改善私营部门在欧盟范围内开展研发的环境。欧盟在全球高技术企业上的较小占比，也反映了与美国的差距。

——强化教育、培训和终生学习。在欧洲，1/4 的学生阅读能力较差，1/7 的年轻人过早地脱离教育和培训；大约 50%的年轻人取得了中等资格水平，但这难以满足劳动市场的需求；在 25～34 岁的人口中，只有不到 1/3 拥有大学学位，而美国的这一数据为 40%，日本则超过 50%。根据 Nature 指数，世界排名前 20 的大学中欧洲只有 2 所。

——拥抱数字社会。全球对 IT 技术的需求是一个价值 2 000 亿欧元的市场，但其中只有 1/4 来自欧洲公司。欧洲在高速互联网方面也落后了，这影响了欧洲的创新能力，包括农村地区的创新能力，以及知识在线扩散和商品、劳务在线分销的能力。

（3）五大“头条目标”

为了对各成员国的努力方向进行引导，为欧盟的发展进程“掌好舵”，欧盟委员会在《欧洲 2020 战略》中提出了 5 个方面的“头条目标”（Headline Targets）。这些目标的遴选主要依据以下原则：一是可测量；二是能够反映各成员国情况的多元性；三是可获得充足可靠的数据，以服务于相互比较的目的；四是对于 2020 年《欧洲 2020 战略》实施成功至关重要。

这五方面的“头条目标”分别是：

① 20～64 岁人群的就业率从目前的 69%增长到 75%以上，包括提高女性、高龄工人和流动工人在劳动中的参与度。

② 欧盟此前设定了 R&D 支出/GDP 达到 3%的目标。这个目标成功地吸引了对公共和私营部门 R&D 支出的关注。当前急需改善欧盟私营部门的 R&D 环境，这也是《欧洲 2020 战略》出台的许多措施的目的之一。另外，如果将 R&D 与创新放在一起来看，那么支出范围显然就会更加广阔，也会和商业运营、生产力驱动更加相关。因此欧盟委员会提议继续保持 3%的目标，但同时要开发一个能够反映 R&D 与创新强度的指标。

③ 温室气体减排 30%或比 1990 年水平至少下降 20%（如果条件成立的话）；将可再生能源在能源最终消费中的比例提高到 20%；将能源的利用效率提高 20%。

④ 在教育方面，将年轻人的辍学率从当前的 15%降低至 10%，同时将 30～34 岁人口中接受完整高等教育的比例从 31%提升至 2020 年的 40%以上。

⑤ 生活在国家贫困线以下的欧洲人口数量应下降 25%，使 2 000 万以上的人口脱离贫困。

《欧洲 2020 战略》指出，上述五大头条目标是相互关联的，例如对清洁低碳技术的投资，既有助于温室气体减排和应对气候变化，也能够创造出新的商业和雇佣机会。为了实现这些目标，需要采取更加强有力的领导、做出更强的承诺，以及有效的交付机制，来改变欧盟各成员国的态度和行为。

《欧洲 2020 战略》同时还指出，这些目标是代表性的，而不是全面详尽的，它们代表了欧盟委员会对期望欧盟 2020 年应该达到的状态（在关键参数上）的一个概览。考虑到欧盟新旧成员国之间的巨大国情差异，因此欧盟委员会提出的这些目标都是普适性的，即与各成员国的发展都密切相关。欧盟各成员国需要将这些欧盟层面的目标转化“翻译”成本国的目标，以便更加契合本国的国情。

（4）七大旗舰计划

与《里斯本战略》一个最大的不同之处是，《欧洲 2020 战略》除了制定顶层的优先发展重点和发展目标之外，还设计了具体的行动计划——七大旗舰计划。具体包括：为实现“智慧增长”优先发展重点，设计了“创新联盟”“青年行动”“欧洲数字化议程”3 个旗舰计划；为实现“可持续增长”优先发展重点，设计了“资源高效的欧洲”“全球化时代产业政策”2 个旗舰计划；为实现“包容性增长”优先发展重点，设计了“新技术与工作议程”“欧洲反贫困平台”2 个旗舰计划。

每个旗舰计划都明确了行动计划的目标、欧盟层面的任务、各成员国的任务。以第一个旗舰计划“创新联盟”为例，主要内容如表 5.1 所示。

表 5.1 “创新联盟”旗舰计划主要内容

目标	欧盟层面的任务	成员国层面的任务
创新联盟旗舰计划的目的是，将研究开发与创新重新聚焦到我们社会所面临的挑战，如气候变化、能源资源利用效率、健康与人口变化等。强化创新链条上的每一个环节，从“仰望星空”的研究到商业化推广	在欧盟层面，欧盟委员会将开展以下工作： （1）建成“欧洲研究区”（ERA）；制定战略研究议程，聚焦能源安全、交通运输、气候变化和资源利用效率、健康和老龄化、环境友好型生产方式和土地管理等挑战，提高与成员国联合项目的设计水平 （2）改善企业的创新环境体系（例如，创建单一的“欧盟专利”和专门的专利法院，实现版权和注册商标体系的现代化，加快建立互操作标准，完善融资环境，充分利用公共采购和智慧监管等需求侧政策） （3）在欧盟和各成员国之间启动“欧洲创新伙伴”计划，以加速应对上述挑战的技术研发与部署。首批将启动“生物经济 2020 建设”“塑造欧洲产业未来”“老年人独立生活并保持社会活跃”等技术研发 （4）进一步强化、深化欧盟支持创新的工具（如结构化基金、农村发展基金、研发框架计划、CIP、SET 计划等）的作用，包括通过与 EIB 更紧密的合作、流线型管理程序便捷资助渠道（尤其对于中小企业），引入与碳汇市场联动的创新激励机制 （5）通过 EIT 等，促进知识伙伴关系，加强教育、商业、研究和创新之间的联系；通过支持“青年创新企业”，促进企业家精神	在国家层面，各成员国需要完成以下任务： （1）改革国家（区域）R&D 与创新体系，以培育卓越和智能专业化；加强大学、研究和企业之间的合作；开展联合项目设计，在欧盟价值增值的领域提升跨国界合作，相应调整本国的资助流程，以确保技术在欧盟区域内的扩散 （2）确保科学、数学和工程类毕业生的充足供应，将学校的课程教育聚焦于创新、创造和企业家精神 （3）优先确保知识性支出，包括利用税收激励和其他金融工具引导私人资本更多地投入研发

（资料来源：European Commission.Europe 2020：A European Strategy for Smart，Sustainable and Inclusive Growth［R］. 2010.03.03.）

从以上内容可以看出，欧盟不仅在《欧洲 2020 战略》中设定了三大优先发展重点、五大头条目标，还针对优先发展重点设置了七大旗舰计划，通过 2～3 个旗舰计划支撑落实每个优先发展重点和头条目标。每个旗舰计划从欧盟层面和各成员国层面分别设置了总体目标和具体任务，因此从规划设计上就形成了分工明确、支撑有力的规划目标执行机制。如图 5.1 所示。

5.2.2 “创新联盟”旗舰计划主要内容与实施机制

如前所述，《欧洲 2020 战略》战略目标的实现主要通过 7 个旗舰计划落实。以第一个旗舰计划同时也是《欧洲 2020 战略》中最核心的旗舰计划——“创新联盟”旗舰计划为例，欧盟委员会为贯彻落实《欧洲 2020 战略》，于 2010 年 10 月公布了《欧洲 2020 战略旗舰计划：创新联盟》（以下简称《创新联盟计划》）。2011 年 2 月，欧洲理事会批准了这份计划书，使之正式成为指导欧盟未来 10 年科研与创新发展的战略性文件。

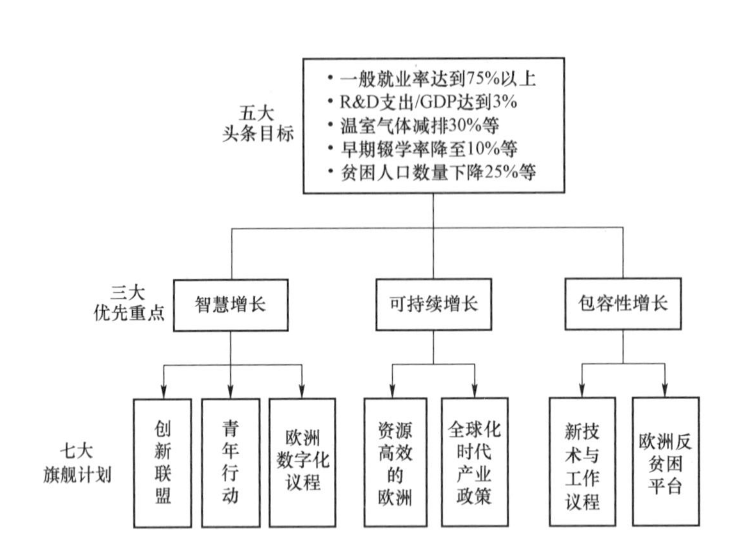

图 5.1 《欧洲 2020 战略》的目标任务分解

5.2.2.1 “创新联盟”旗舰计划主要内容

《创新联盟计划》重申了创新对于应对欧洲面临的挑战的重要性，分析了欧洲在创新方面的优势潜力，同时也指出了存在的问题——对知识基础的投入不足、创新体系环境不尽如人意、过多的分散与重复浪费。因此，欧洲必须依据以下原则走出一条与众不同的创新之路：一是聚焦能够应对《欧洲 2020 战略》中提出的重大社会挑战的创新，强化欧盟在某些关键技术领域的领导地位；二是追求广义上的创新——不仅包括研发创新，也包括商业模式、设计、品牌和服务方面的创新；三是创新活动的范围要囊括所有参与方、所有地区，包括中小企业、所有的技术领域、所有的成员国等。

根据上述原则，《创新联盟计划》提出了持续投资教育、研发和信息通信技术，共同改革提升资金使用效益、解决资源碎片化，实现教育系统各个层面现代化，简化欧盟研发计划申请程序，清除企业家“将创意带入市场”的障碍壁垒，更好地与国际合作伙伴工作等 10 个方面的重点任务，并从“加强知识基础，减少资源碎片化”“将好的创意带入市场”等 6 个领域凝练出 12 个议题和 34 项“承诺”。

以第 1 个领域“加强知识基础，减少资源碎片化”为例，其 3 个议题与 9 项承诺的具体内容如表 5.2 所示。

表 5.2 《欧洲 2020 旗舰计划：创新联盟》任务内容（节选）

领域	议题	具体承诺
1. 加强知识基础，减少资源碎片化	（1）在教育与技能培训方面鼓励卓越	承诺 1：到 2011 年年底，各成员国应制定战略，为满足本国研发目标而培训足够的科研人员，并在公共研究机构提供有吸引力的研发条件。性别与双重职业方面的考虑应在战略中得到充分体现
		承诺 2：在现有准备工作的基础上，欧盟委员会将在 2011 年支持一个独立的多维度国际评估体系对大学绩效进行评估。这样可以评出绩效最好的欧洲大学。在 2011 年，欧盟委员会将提出高等教育改革和现代化的下一步行动建议。欧盟委员会将支持教育界与产业界通过创建“知识联盟”开展校企合作，开发新课程来解决创新技能差距。这将有助于高校在跨学科发展、企业家精神培养和强化商业伙伴关系等方面的现代化
		承诺 3：在 2011 年，欧盟委员会将提出发展和推动“促进创新和竞争力的电子技能计划”的综合框架，该框架将在与利益相关者的伙伴关系基础上提出。前期基础工作包括技能供需状况分析，制定关于新课程的泛欧指南和产业培训的质量标准，以及提高相关活动认知度等
	（2）建设欧洲研究区	承诺 4：欧盟委员会将在 2012 年提出欧洲研究区框架和旨在消除人才流动与跨国合作障碍的支撑措施，并要求在 2014 年年底前付诸实施。特别要在以下领域寻求共同行动： ● 博士生培养质量、科研职业生涯中的待遇和性别平衡 ● 科研人员跨国与跨部门流动，包括在公共研究机构实行公开招聘和可比的科研职称序列，促进欧洲补充养老基金的设立等 ● 科研活动执行机构、资助机构和基金会的跨国活动，包括利益相关者和资助机构共同努力，促进资助规则与程序的简化和相互协调 ● 研究成果的传播、转化和使用，包括推动公共资金资助的科研成果和数据的开放获取 ● 各成员国管理的研究基础设施全面对欧洲用户开放 ● 在国际科技合作中欧盟和成员国战略的一致性
		承诺 5：到 2015 年，成员国与欧盟委员会应该一起完成或启动“欧洲研究基础设施战略论坛”（ESFRI）确定的研究基础设施建设工作优先领域中的 60%。这些设施的创新潜力应该得到加强。请各成员国评估自己的实施计划，促进使用凝聚政策（cohesion policy）的经费从事研究基础设施建设
	（3）将欧盟资助经费集中在建设“创新联盟”的优先领域	承诺 6：今后的欧盟研发与创新计划将聚焦欧洲 2020 战略目标，特别是“创新联盟”。在 2011 财政年度，欧盟委员会将会确定未来研发计划的方向，重点是应对社会挑战，调整资助机制，通过在加强管理控制和信任科学家之间取得平衡，从而在根本上简化申请与资助制度。欧洲研究理事会在促进卓越方面的作用应该加强，研发框架计划要加强产业驱动的优先领域的资助，例如，在关键使能技术领域由企业发起的伙伴关系等
		承诺 7：欧盟委员会将简化未来欧盟研发与创新计划的申请手续，特别是方便有高成长潜力的中小企业参与。借鉴尤里卡、欧洲之星等计划实施经验，今后应该注重与成员国机构间建立伙伴关系
		承诺 8：欧盟委员会将通过联合研究中心加强政策制定的科学基础。欧盟委员会还将设立“欧洲前瞻论坛”，广邀公、私部门利益相关者，汇集现有研究和数据，以提高政策的实证基础

续表

领域	议题	具体承诺
1. 加强知识基础，减少资源碎片化	（3）将欧盟资助经费集中在建设“创新联盟”的优先领域	承诺9：到2011年中期，欧洲创新技术研究院（EIT）应制定“创新战略议程”，扩大作为“创新欧洲”窗口的影响。EIT应制定自己在“创新联盟”建设中的长远规划，包括建立新的知识与创新群体（KIC），加强与私营部门的联系和弘扬企业家精神。EIT还应在2010年设立EIT基金会，并在2011年推出“EIT学位”，作为国际公认的卓越标签

（资料来源：陈敬全，俞阳，张超英，等. 欧洲2020战略旗舰计划：创新联盟（上）[J]. 全球科技经济瞭望，2011，26（4）：40-48.）

在34项具体承诺中，《创新联盟计划》明确规定了欧盟和各成员国的具体任务。例如，在欧盟层面，要求欧盟在2014年年底前建成运行良好的欧洲研究区，在2010年设立欧洲创新技术研究院（EIT）基金会并在2011年推出EIT学位，2014年前授权第一个欧盟专利，2014年前完善金融工具以吸引私有资金投资填补研究与创新的市场缺口，欧盟委员会推动公共资金资助科研成果的开放获取；在成员国层面，要求各成员国从2010年起显著增加现有结构基金中用于研发与创新项目的份额，从2011年起留出专门经费用于商用前采购以及创新产品与服务的公共采购（目的是在欧盟地区每年为创新产生一个至少100亿欧元的采购市场），2015年年底前成员国和欧盟委员会应完成或启动欧洲研究基础设施战略论坛（ESFRI）已确定的欧洲优先研究基础设施建设任务的60%等。

5.2.2.2 “创新联盟”旗舰计划主要保障措施

为确保《创新联盟计划》绘制的蓝图顺利变成现实，欧盟委员会还制定了相关保障措施，以促进该计划的有效落实。

（1）自评估工具

为了帮助各成员国在后金融危机时代财政紧缩的情况下顺利落实“创新联盟”旗舰计划，欧盟委员会在分析整理有关事实数据基础上，提炼出了绩效表现良好国家和地区科研创新体系的典型特征，作为各成员国开展自评估的工具。这个典型特征框架包括了“创新政策的制定超越技术研究与应用的狭义范畴”“将追求卓越作为科研教育政策的主要准则”“政府对企业研发的资助简单透明与运行高效”等10个一级指标以及下设的27个二级指标。

在2011年4月之前，各成员国需要利用该自评估工具对本国的科研和创新进行全面的自评估，然后根据评估结果，确定本国根据《欧洲 2020 战略》要求制订的国家改革计划（NRP）中的改革要点。

（2）监测指标

为了对“创新联盟”旗舰计划的实施进展进行监测，欧盟委员会决定用两年的时间来开发一个单一指标——“快速成长的创新型企业指标”。这项指标能够很好地衡量经济活力，找出经济增长和就业的重要来源；同时它也是一个输出导向的指标，能够反映创新条件所产生的影响。

另外，由于创新具有多重属性，需要采用更广泛、全面的指标对“创新联盟”旗舰计划的实施进展进行全过程、全方位的监控。因此，欧盟委员会在欧洲创新记分牌的基础上，开发出了“科研与创新绩效记分牌”。该记分牌包括了“创新使能”“企业活动”“创新输出”3 个一级指标，“人力资源”“企业投资”等 8 个二级指标，以及“25～34 岁人口中科学、工程类和社会人文类博士毕业人口比例（‰）”等 25 个三级指标（详见附录 4）。每个三级指标的数值均来自公开统计数据，能够全方位监测各成员国和欧盟的科研与创新绩效情况。欧盟委员会在《创新联盟计划》中表示，将从 2011 年开始启用“科研与创新绩效记分牌”监测各成员国与欧盟的创新绩效进展情况。

（3）责任分工

《创新联盟计划》指出，欧盟机构和其他相关部门的共同努力是“创新联盟”建设取得成功的关键。因此，文件中明确规定了各方面的责任分工（陈敬全等，2011）：

欧洲理事会应该提供指导和政治推动。欧洲理事会在采取必要措施完善欧盟总体条件方面应发挥领导作用。启动“欧盟创新伙伴计划”后，应该确保各项条件到位以取得成果。欧盟委员会建议欧洲理事会召集有关部长每半年举行一次“创新理事会”会议，评估进展情况，探讨需要采取新的激励措施的领域。

欧洲议会应将“创新联盟”的建议和举措作为其优先领域，包括“欧洲创新伙伴关系”的遴选和成功实施。欧盟委员会欢迎欧洲议会每年举办一次由各国议会代表及利益相关方参加的政策辩论会，了解重要进展和关键信息，提高“创新型联盟”在政治议程中的关注度。

欧盟委员会将提出“创新联盟”的实施措施。帮助成员国进行体制改革，采取措施全方位推动最佳实践交流。欧盟委员会将扩大欧洲研究区委员会（ERAB）的影响范围，与企业界、金融界的领袖和年轻的学者和创新人才一起，对“创新联盟”开展连贯的评价，反映新趋势，提出优先事项或行动建议。欧盟委员会将系统地监督进展情况，对取得的进展发布年度报告。在适当情况下，可利用《里斯本条约》赋予的权力针对具体国家提出建议以帮助成员国进行改革。欧盟委员会还将召开年度创新大会（Innovation Convention）讨论“创新联盟”的状况和欧洲议会拟定的辩论议题。参加人员包括部长、欧洲议会成员、商界领袖、大学校长和研究中心主任、银行家和风险投资商、首席研究员、创新人才和欧洲公民等。

成员国应该确保建立必要的管理架构。进行彻底的自评估，探索出体制改革的方式，从欧盟整体的角度出发促进卓越，推动紧密合作，追求灵活专业化。成员国应该对由结构基金联合资助的实施计划进行检查，与《欧洲 2020 战略》中确定的优先领域保持一致，为科研和创新筹集更多资源。2011 年 4 月到期的国家改革计划应该确定需要采取的步骤、时间表、经费支出以及负责人。

利益相关部门包括企业、地方当局、社会伙伴、基金会及非政府组织等，应支持“创新型联盟”建设。

欧洲经济社会委员会和地区委员会应与相关组织和团体共同工作，寻求支持力量，鼓励创新行动，帮助传播最佳实践。

正如《创新联盟计划》所说的，启动“创新联盟”旗舰计划后，“我们便拥有了一个愿景、一个议程、一个清晰的任务分工和稳健的监测程序。欧盟委员会将竭尽所能使之成为现实。”

总体来看，欧盟委员会不仅针对“创新联盟”旗舰计划做出了多项明确具体的“承诺”，还通过自评估工具、科研与创新绩效记分牌等多种工具监督和推进“创新联盟”旗舰计划的实施进程，为该旗舰计划目标任务的顺利执行落实提供了有力保障，也为《欧洲 2020 战略》五大头条目标的顺利实现提供了有力支撑。

5.2.3 《欧洲 2020 战略》的管理机制与工具

在实施机制上，《欧洲 2020 战略》提出要“面向结果，采取更有力的治理”，并推出了更强有力的治理架构与工具，以确保各项战略目标任务能够得到及时有效的执行。同时，《欧洲 2020 战略》还与欧盟制定的其他文件——《稳定与增长公约》[①]实现了协同联动，进一步提高了执行效率。

5.2.3.1 《欧洲 2020 战略》治理结构

为进一步落实《欧洲 2020 战略》，欧盟配套制定了《欧洲 2020：对成员国经济与就业政策的综合指导方针》。该文件依据五大头条目标，确立了 10 个综合指导方针，以更加有效地指导各成员国制定本国的发展目标和国家改革计划。其实在《里斯本战略》实施期间，欧盟也制定了 24 个综合指导方针，但是这些指导方针不仅数量过多，让各成员国难以分清主次，而且这些方针与各成员国之间的政策措施联系不够紧密，导致它们对各成员国政策制定的影响非常有限。

在汲取《里斯本战略》执行失败的教训后，欧盟首先将综合指导方针的数量大幅凝练压缩，从 24 个减少到 10 个；其次加大了这些方针对各成员国政策措施的指导干预力度，即通过宏观经济监督、主题协调、财政监督 3 个维度对《欧洲 2020 战略》及 10 个综合指导方针的执行情况进行监管。

宏观经济监督（macro－economic surveillance），目的是确保宏观经济大环境的稳定，从而为经济和就业增长提供良好环境。主要监督各成员国遵守第 1－第 3 个综合指导方针的情况，涉及宏观经济和经济结构方面的政策，以解决宏观经济失衡、公共财政脆弱和竞争能力影响宏观经济等方面的问题。

主题协调（thematic coordination），主要监测各成员国在促进增长方面的改革情况，聚焦各成员国在 R&D 与创新、资源高效利用、商业环境、就业、教育与社会包容等领域的结构性改革，即是否遵从了第 4—第 10 个综合指导方针。各成员国在这些领域制定的政策应该有利于实现欧盟及本国的智慧增

---

① 为保证欧元稳定，防止欧元区出现通货膨胀，欧盟于 1997 年制定了《稳定与增长公约》，主要内容包括要求欧元区各国的年财政赤字不得连续 3 年超过国内生产总值的 3%，公共债务不得超过国内生产总值的 60%，否则将面临欧盟的巨额罚款。

长、可持续增长和包容性增长（《欧洲 2020 战略》中的三大优先重点），致力于解决制约上述综合指导方针中的目标实现的瓶颈障碍。相关进展将通过对《欧洲 2020 战略》中的五大头条目标及各成员国国家目标的监测予以体现。

财政监督（fiscal surveillance），主要依据《稳定与增长公约》对各成员国进行监督，以增强各成员国公共财政的稳定性和可持续性。

《欧洲 2020 战略》以五大头条目标及综合指导方针为统领，按照宏观经济监督、主题协调、财政监督 3 个维度监管，围绕成员国、欧盟两个层次构建的治理架构如图 5.2 所示。

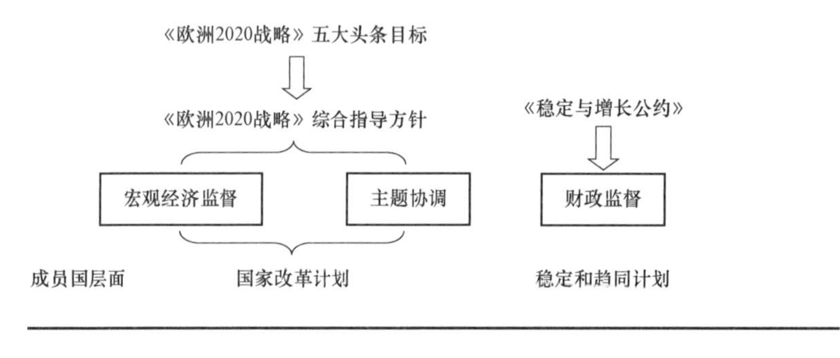

图 5.2 《欧洲 2020 战略》的治理结构

（资料来源：European Commission.Governance，Tools and Policy Cycle of Europe 2020［R］. 2010.07：2.）

5.2.3.2 《欧洲 2020 战略》系列执行强化工具

除了建立整合有力的治理架构外，欧盟还强化了一系列工具，以推动和保障《欧洲 2020 战略》的执行落实。

（1）年度增长调查

年度增长调查由欧盟委员会组织实施，调查报告于每年 1 月份形成，作为当年欧洲理事会春季首脑会议讨论的主要材料。年度增长调查主要整合了前述的宏观经济监督、主题协调、财政监督 3 个维度的监督结果，调查主要包括检查评估和前瞻展望两个部分。

检查评估部分主要聚焦于两个方面：一是欧盟及欧元区公共财政与宏观经济的发展情况，包括宏观经济的失衡情况（以欧盟委员会开发的报警机制为基础），宏观财政的风险，解决宏观结构性问题的政策执行进展；二是主题进展情况，尤其是五大头条目标的整体完成进度，以及各旗舰计划、《欧洲 2020 战略》实施中有关瓶颈问题解决的整体进展情况等。

前瞻展望部分在分析宏观财政脆弱性和竞争力指数基础上，提出公共财政和宏观经济政策所面临的主要挑战以及如何应对这些挑战的政策；明确在结构性改革方面应优先采取行动的重点，以推进《欧洲 2020 战略》中各主题目标任务的实现进度。

（2）战略政策指导

每年的欧洲理事会春季会议将针对欧盟及欧元区形成整体性的政策指导。该政策指导将全面分析宏观经济整体态势，统筹《欧洲 2020 战略》五大头条目标的实现进程，以及综合考虑各个旗舰计划的实施进展。在此基础上，具体给出覆盖公共财政、宏观经济和主题要素方面的政策导向，并就加强三者之间的联系提出建议。各成员国在制订本国的国家改革计划（NPR）、稳定和趋同计划（SCP）时要充分考虑吸纳这些政策指导意见，并在每年 4 月份向欧盟委员会提交上述计划。

（3）部门理事会

在欧洲理事会春季会议之外的全年时间内，欧盟下设的各种部门理事会在检查五大头条目标的执行进展（通过适当的监测和同行评议）和《欧洲 2020 战略》各旗舰计划的推进实施情况方面，发挥着关键作用。例如，欧盟经济财政理事会（ECOFIN）主要负责“宏观经济监督”，欧盟就业、社会政策、卫生和消费理事会（EPSCO）及其他理事会主要负责“主题协调”方面的监督。

（4）成员国报告机制

欧盟各成员国于每年 4 月中旬，向欧盟报告本国拟在下一年度执行的稳定和趋同计划、国家改革计划。有效的成员国报告机制，能够使欧盟针对《欧洲 2020 战略》的实施进程开展有效的监测和同行评议。

为满足新的监管机制要求，欧盟对稳定和趋同计划的内容格式做了进一步修改，要求其中需要包含足够必要的信息，能够使欧盟围绕财政政策开展有意义的讨论。各成员国需要在确定本国下一年度的预算之前提交拟开展的稳定和趋同计划。

国家改革计划与稳定和趋同计划一样，在《欧洲 2020 战略》的实施过程中发挥着对等的关键作用。欧盟同样也设计了国家改革计划的内容格式，使之包含足够必要的信息，能够使欧盟开展《欧洲 2020 战略》的主题进展监测。

国家改革计划需要包含的主要内容要素包括：① 宏观经济预测。内容参照稳定和趋同计划中的有关要素。② 宏观经济监督。国家改革计划应遵从综合指导方针（第 1—第 3 条）中确定的非财政宏观经济政策，以解决内部/外部失衡，确保宏观金融稳定，并解决宏观经济层面的竞争力弱点。③ 主题协调。成员国应遵从综合指导方针（第 4—第 6 条），依据五大头条目标制定本国的目标，在国家改革计划中阐述实现这些目标的轨道路径，并跟踪这些目标实现的进程；国家改革计划中应描述实现上述本国国家目标的关键措施，包括时间表和预算影响；成员国应阐述如何解决妨碍上述综合指导方针中设定的目标实现的瓶颈障碍，聚焦政策产生的成效和实际结果；在适用的情况下，成员国需要说明欧盟的结构性基金将如何被使用以支撑本国国家目标的实现，以及相应的预算影响；国家改革计划要明确聚焦于少数有限的优先措施之上，并协调好改革措施之间的先后顺序。④ 参与和沟通等。国家改革计划要说明中央政府计划如何使地方政府、有关利益相关人参与实施国家改革计划，如何与他们就《欧洲 2020 战略》和国家改革计划进行沟通等。

（5）国别建议

每年 6 月，欧盟委员会会发布一个单独系列的国别建议，为每个成员国提供一份单独报告（欧盟委员会的意见将附在报告之后），同时也会为欧元区提供一份总体报告，以体现《欧洲 2020 战略》的整体性。建议的内容同样也是按照宏观经济监督、主题协调、财政监督 3 个维度提出。

欧盟委员会根据个案的具体情况，还会适时发布一些较长时限（例如两年）的建议，以使某些重要的结构性改革能够拥有充分的执行时间。如果欧盟委员会的国别建议在规定的时限内没有得到充分的遵从采纳，欧盟委员会将视情况发布政策警告，并通过适当的激励和制裁措施确保建议得到有效采纳。

（6）旗舰计划及其他欧盟工具

如前所述，《欧洲 2020 战略》启动了“创新联盟”等七大旗舰计划，以直接支撑实现五大头条目标。鉴于欧盟部门理事会和关键利益相关人的积极参与，对于各旗舰计划成功实施至关重要，欧盟委员会将充分利用欧盟的关键工具——单一市场、贸易与外部政策、欧盟预算等，调动各方面力量，促进各旗舰计划的顺利执行，进而支撑《欧洲 2020 战略》的成功实施和五大头条目标的顺利实现。

5.2.3.3 “欧洲学期”的引入

欧盟不仅构建了《欧洲 2020 战略》新的治理架构，还建立了一个以年度为周期的政策循环。2010 年 6 月 17 日，欧洲理事会就引入“欧洲学期”达成了一致。“欧洲学期”的主要流程和时间节点如图 5.3 所示。

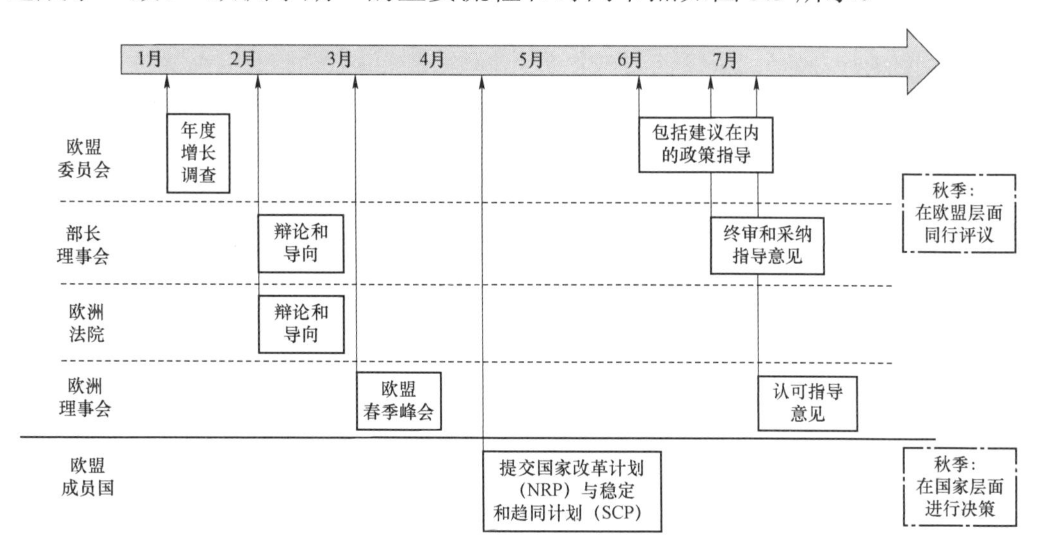

图 5.3 “欧洲学期”的主要政策流程

（资料来源：European Commission.Governance, Tools and Policy Cycle of Europe 2020［R］. 2010.07：7.）

每年 1 月：欧盟委员会将发布年度增长调查结果，报告《欧洲 2020 战略》实施进展情况，并设定当年的政策导向。

每年 2—3 月：在部长理事会和欧洲议会等辩论的基础上，欧洲理事会春季首脑会议给出成员国和欧盟层面的政策指导意见。

每年 4 月中旬之前：各成员国在吸收考虑政策指导意见的基础上，提交本国的国家改革计划（NRP）以及稳定和趋同计划（SCP）。

每年 6 月：针对各成员国提交的国家改革计划、稳定和增长计划，欧盟委员会将向各成员国反馈“国别意见和建议”。

每年 6 月：欧盟经济财政理事会（ECOFIN）将讨论和采纳欧盟委员会关于公共财政与宏观经济政策方面的意见和政策建议，欧盟就业、社会政策、卫生和消费理事会（EPSCO）将根据有关规定采纳主题方面的建议。必要时欧洲理事会可按照《里斯本条约》要求提供方向性指引。

在接下来的半年时间里：各成员国将在考量接收到的欧盟战略指导和国别建议基础上，最终确定本国的财政预算和政策措施。欧盟委员会将在来年发布的年度增长调查报告中，评估各成员国参考和采纳欧盟指导意见的情况。

由此，便形成了一个以年度为周期的政策循环。在这个新的政策循环中，《欧洲 2020 战略》和《稳定与增长法案》实现了充分协同并保持连贯一致。

5.3 《欧洲 2020 战略》目标管理的机制特点分析

综上所述，《欧洲 2020 战略》不仅注重目标管理，而且其目标管理机制还呈现出以下几个特点。

（1）目标任务逐层分解落实

《欧洲 2020 战略》围绕三大优先重点设置了五大头条目标。围绕头条目标，又制定了 10 个综合指导方针，进一步明确了每个目标的内涵要义，以便更好地指导战略规划的执行者们理解和落实这些目标。

5 个头条目标主要通过两条路径——欧盟层面的 7 个旗舰计划和欧盟各成员国的努力（国家改革计划等）得到落实。在欧盟层面，每个旗舰计划均设定了自身的目标和重点任务，直接支撑着头条目标的实现。具体实施则由欧盟委员会牵头，按照每个旗舰计划的责任分工，组织安排行动与计划，实施具体项目、制定具体政策，落实推进旗舰计划。在各成员国层面，每个成员国均需对照五大头条目标设定相应的本国国家目标，并制定国家改革计划以及稳定和增长计划，继而实施具体项目、出台具体政策以落实这些目标。

这样，《欧洲 2020 战略》设定的战略规划目标就通过层层的目标任务分解落实，与欧盟层面、各成员国层面的具体项目与政策成功实现了关联和挂钩。可以说，五大头条目标不仅是各成员国和欧盟的共同奋斗目标，也成为成员国共同的行动纲领。

（2）目标分解的灵活性与约束性并存

考虑到欧盟各成员国之间巨大的国情差异，欧盟并未要求各成员国在制定落实五大头条目标的本国国家目标时必须与头条目标保持一致，而是允许它们根据本国的实际情况，灵活弹性地制定本国的国家目标。换言之，如果某个成员国在某个头条目标方面的基础较好，则可以设定较高的目标值；反之如果基础较差，实现难度较大，则可以设定较低一些的目标值。但是，各成员国在制定本国国家目标时，被要求与欧盟委员会进行对话，欧盟委员会将通过“国别建议”对各国国家目标的设定提出意见建议，对各国落实头条目标的情况进行约束和监督。

这种灵活性与约束性并存的目标设定做法既保证了目标分解的科学性，有利于保护各成员国的积极性和主动性，又能防止个别成员国偷奸耍滑、落实《欧洲 2020 战略》不力现象的产生。可以说，这种目标设定方式使欧盟战略规划的目标管理模式从《里斯本战略》“开放式协调法”下的“横向多边协调”，转向了《欧洲 2020 战略》下的“纵向双边激励”（Copeland 和 Papadimitriou，2012）——这一新的模式无疑更加有效，能够使各成员国做出更多的政策努力。

（3）注重实施环境与监管工具的配套

《欧洲 2020 战略》不仅建立了目标的分解落实体系，还注重为目标的实现提供配套措施上的支持。

首先是宏观稳定大环境的支持。通过和《稳定与增长公约》的协同，开展“财政监督”维护各国公共财政的稳定；通过“宏观经济监督”保持各国宏观经济的稳定，从而为五大头条目标及各国国家目标的顺利实现，提供了安全和稳定的宏观大环境这一前提。

其次是战略规划实施过程中监管工具的支持。欧盟委员会每年初发布《年度增长调查》报告，对过去一年《欧洲 2020 战略》的实施进展情况进行检查评估；欧洲理事会根据头条目标的实现进程给出覆盖公共财政、宏观经济和主题要素的政策导向；欧盟各部门理事会检查相关头条目标的进展，推进各旗舰计划的实施；各成员国报告本国下一年度的稳定和趋同计划、国家改革计划；欧盟委员会针对各成员国提出国别建议，视情况发布政策警告。这些配套监管措施有力地监测和督促着欧盟与各成员国付出应有的努力，保障了五大头条目标及各国国家目标的顺利实现。

综上，《欧洲2020战略》的目标管理机制如图5.4所示。

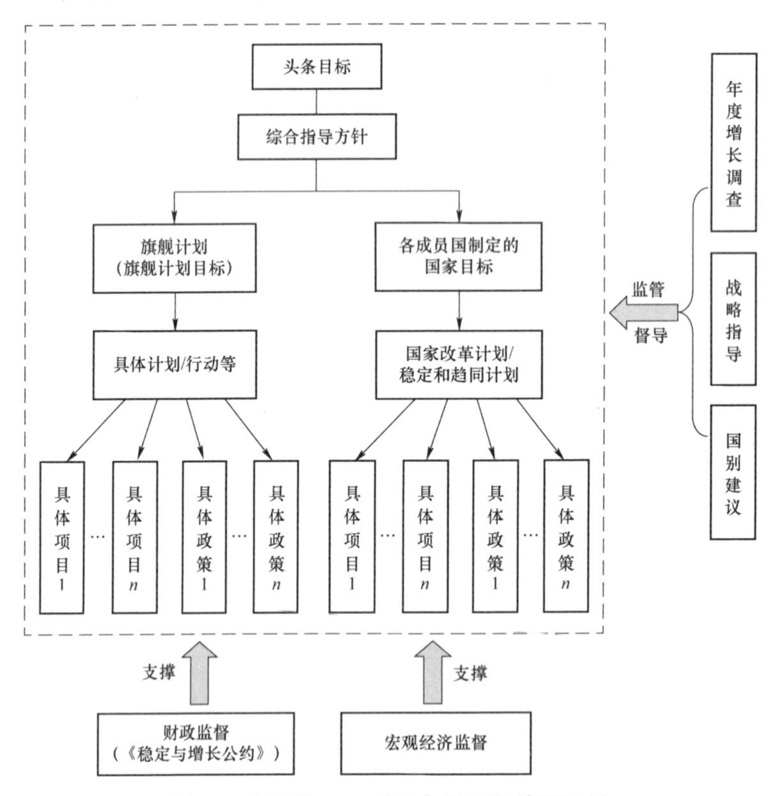

图5.4 《欧洲2020战略》的目标管理机制

5.4 本章小结

《里斯本战略》执行失败，可谓殷鉴不远。通过对《欧洲2020战略》组织实施及其目标管理机制特点的分析，可以看出《欧洲2020战略》充分汲取了《里斯本战略》的前车之鉴——无论是在规划目标内容还是组织实施机制的设计方面，其相较于《里斯本战略》均有了大幅改进①。主要体现在以

① 《里斯本战略》重启后也出台了若干改进措施，如制定综合指导方针、各成员国国家改革计划等。为便于比较，本章重点关注《欧洲2020战略》与《里斯本战略》重启之前的比较。

下几个方面：

一是目标的设置更加科学。如前所述，《里斯本战略》设定的目标数量过多，包括 28 个主目标和 120 个次目标。这不仅超出了欧盟的能力，难以同时全部实现，而且令人难以分清主次、抓不住重点。相比之下，《欧洲 2020 战略》显然汲取了《里斯本战略》失败的教训——大幅压缩了战略目标的数量，只设定了 5 个标志性的头条目标；而且针对这些目标还配套制定了详细的“综合指导方针”进行引导，以便《欧洲 2020 战略》的执行者们能够更好地理解这些目标，出台正确的政策措施落实这些目标。一言以蔽之，不仅在目标层面统一了思想，还为执行者们共同采取行动提供了方针指引。

二是目标的执行更加有力。《里斯本战略》不仅设定了过多的“超载”目标，而且还没有制定相应的实质性举措来执行落实这些目标。仅仅一厢情愿地依靠“开放式协调法”这一软性的约束机制，意图通过各成员国的“自觉”和责任心来落实《里斯本战略》的各项目标任务。另一方面，《里斯本战略》对于目标任务也没有进行明确的分工。哪些目标应该通过欧盟的努力来落实，哪些应该通过成员国的努力来落实，并没有明确厘清。可以说，目标任务的落实机制和分工机制的缺失，直接导致了《里斯本战略》的执行不利以及最后的执行失败。

相比之下，《欧洲 2020 战略》并没有在制定目标之后就“撒手不管”，而是建立了有效的目标执行体系——针对 5 个头条目标制定了 7 个旗舰计划，确保每个头条目标都有相对应的旗舰计划予以具体落实。而且，对于每个旗舰计划，都明确了欧盟层面、成员国层面的任务要求，而且还配套建立了监测评估、责任分工等保障措施。除了旗舰计划之外，各成员国的国家改革计划（NRP）也是执行落实《欧洲 2020 战略》的另一个重要抓手。各成员国需要根据 5 个头条目标，结合本国实际情况，制定相应的本国国家目标，并在综合指导方针等指导下制定具体的政策措施。而且这些政策措施，必须瞄准《欧洲 2020 战略》提出的三大优先重点，即智慧增长、可持续增长和包容性增长。

三是治理的架构更加健全。《欧洲 2020 战略》还注重与其他欧盟政策文件（《稳定与增长公约》）进行协同联动。在此基础上，建立了以宏观经济监督、主题协调、财政监督3个维度为重点的治理架构。宏观经济监督，有利于各国保持宏观经济的稳定，从而为经济增长、社会就业提供稳定的大环境。财政监督则依托对各成员国具有法律约束力的《稳定与增长公约》，对各国的财政赤字和公共债务进行监督约束，有利于维护各国公共财政的稳定，防止主权债务危机出现。在此基础上，通过主题协调，督促各成员国和欧盟层面落实旗舰计划中的重点任务，以及为实现五大头条目标和本国目标采取实际的政策与计划行动，最终实现智慧增长、可持续增长和包容性增长。

由此，《欧洲2020战略》建立了宏观经济监督、主题协调、财政监督3个维度紧密关联、相互支撑，覆盖从宏观到微观两个层面以及欧盟和成员国两个层级的较为稳健的治理架构。

四是过程监管更加有力。《里斯本战略》设定的目标主要通过“开放式协调法”这一软性的治理工具来实现，这也是造成《里斯本战略》执行失败的主要原因之一。而《欧洲2020战略》则彻底抛弃了“开放式协调法”这一工具，设计了新的更加有力的执行机制。首先，每年1月份，欧盟委员会将检查评估《欧洲2020战略》在过去一年的执行实施情况，并进行前瞻展望。在此基础上，每年3月举行的欧洲理事会将给出战略指导意见，对欧盟和各成员国本年度推进实施《欧洲2020战略》做出指导。每年4月，各成员国根据战略指导意见，提交本国本年度落实《欧洲2020战略》的具体措施——国家改革计划、稳定和趋同计划。每年6月，欧盟委员会将针对各成员国提交的具体计划提出国别建议。各成员国根据国别建议，最终确定本国的国家改革计划、稳定和趋同计划以及相应的财政预算。如果国别建议在规定时限内未得到采纳，欧盟委员会将视情况发布政策警告甚至采取适当的制裁措施。上述一连串的监管工具相互衔接、环环相扣，形成了一个完整的政策周期，即“欧洲学期”。

显然，与《里斯本战略》基于同侪压力的“开放式协调法”相比，《欧洲2020战略》的监管工具无疑更加丰富，监管力度也大幅增强，为《欧洲2020战略》目标任务的顺利实现奠定了坚实基础。

第 6 章　科技规划的目标管理模式研究

以上来自日本、美国、欧盟的相关规划的历史实践表明，目标管理理论不仅“能够适用”于科技规划的制定与实施，而且已经在上述国家与地区的规划实践中获得了运用。接下来我们需要思考的是，目标管理理论应该“如何应用”到科技规划的制定与实施之中。本章将在总结比较来自日本、美国和欧盟的实践经验基础上，从德鲁克提出的目标管理理论出发，结合我国国情，面向科技发展规划目标管理需求，提出有关模式与方法，以及相应的保障机制等。

6.1　日本、美国和欧盟实践经验的总结比较

6.1.1　3 个案例目标管理方面的不同之处

虽然在本研究选取的日本、美国、欧盟 3 个国家（地区）的案例中，只有日本的《科技基本计划》属于严格意义上的科技发展规划，美国的案例则是包括科技管理在内的全政府范围的绩效管理制度，欧盟的案例则是包含科技创新在内的经济增长规划，但是，由于它们都具备发展规划的基本属性，因此在发展规划的实施机制方面，尤其是在目标管理上，可以说三者之间是相通的，这也为它们之间的分析比较提供了前提基础。从实践来看，不同的国情决定了日本、美国和欧盟根据自身的特点开展了各具特色的发展规划目标管理实践。

日本无疑是上述 3 个案例中科技规划实践经验最为丰富的国家，迄今已连续制定实施了 5 期科技基本计划。从这 5 期科技基本计划的发展历程来看，

日本侧重于在中央政府制定的科技规划文本（包括配套实施的文件）中明确各项目标任务的时间节点、执行机制、各部门的责任归属等，由科技规划的制定者——综合科学技术创新会议对规划目标任务的执行落实情况进行监督，并通过预算等资源进行统筹协调和引导。其最大的特点是建立了“一竿子插到底”式的“领域细分型”目标管理机制和“全国战略总动员”式的“问题解决型”目标管理机制。

美国通过国家法律对规划目标的制定发布、组织实施、绩效报告等做出严格规定，其法制化手段是3个目标管理案例中手段最为强硬的。国会通过报告与咨询机制，掌握白宫及联邦政府各部门的绩效目标完成情况，并根据绩效结果对预算进行调节。联邦政府问责局（GAO）依法开展执法检查（立法后评估），对政府履行《绩效现代法案》中各项责任义务的情况开展监督，并提出针对性的改进建议。其最大的特点是建立了中央政府规划目标与各部门规划目标、年度计划目标及项目目标有机一体的目标体系，体现“结果中心观”的绩效目标年度、季度监测评估机制，以及法律规定的刚性外部监督机制等。

欧盟的目标管理机制覆盖了其28个成员国，是3个案例中目标管理机制覆盖范围最广的。围绕战略规划目标，欧盟建立了按照宏观经济监督、主题协调、财政监督3个维度监管，从欧盟、成员国两个层级分头推进的“分类分层”治理架构。其最大的特点包括建立了实施进展年度监测机制，以及与财政预算挂钩的“欧洲学期”等统筹监管工具。

作者从不同方面对日本、美国和欧盟在发展规划目标管理上的实践做法进行了比较，如表6.1所示。

表6.1　发展规划目标管理典型国际经验的分析比较

项目	日本《科技基本计划》	美国政府绩效管理	欧盟两个十年发展战略
制度形式	政策文件	国家法律	政策文件
实施周期	5年	4年	10年
牵头管理机构	综合科学技术创新会议	总统预算管理办公室	欧盟委员会
目标设置特点	注重目标分解与问题导向，通过规划配套执行文件细化规划目标	通过行政层级、执行周期对目标进行分解，强调上下级目标间贡献关系	在战略目标基础上设定若干量化头条目标

续表

项目		日本《科技基本计划》	美国政府绩效管理	欧盟两个十年发展战略
目标执行体系	行政维度	“领域细分型”的“一竿子插到底”模式和“问题解决型”的“全国战略总动员”模式	“中央－部门－计划－项目”目标执行体系	“总体目标－旗舰计划目标/成员国目标－计划目标”执行体系
	时间维度	“五年－年度”目标执行体系	“长期（4年）－中期（2年）－近期（1年）－短期（季度）”目标执行体系	“十年－年度”目标执行体系
监测评估机制		年度监测，中期评估	年度检查评估、里程碑监测、重点目标季度监测、外部整体评估	年度调查监测、中期评估、总结评估
监督主体		综合科学技术创新会议、公众	国会、政府问责局、总统预算管理办公室、公众	欧盟委员会、公众
调整手段		预算、政策措施调整	预算、权限等调整	发布战略指导、国别建议以及政策警告等

上述3个案例在目标管理机制方面的不同特点，很可能与各自的政治体制、文化传统相关。如日本的“领域细分型”和“问题解决型”做法，与其民族文化中的工匠精神、集体意识、危机意识等息息相关，其中央集权的政治体制也为这两种模式提供了前提支撑。

美国在发展规划的目标管理中突出财政预算约束、绩效目标监测以及法定刚性外部监督，在很大程度上与其作为一个三权分立的联邦制国家的性质有关，而其结果中心观的绩效管理理念和法律形式的制度保障，可能和美国历来信奉推崇的实用主义哲学与法治传统有关。

欧盟在发展规划的目标管理中注重联盟层面的宏观指导，同时又在成员国层面保留了较大的灵活性，可能与其作为一个区域型主权国家政治联合体的性质相关。

6.1.2　3个案例目标管理方面的共同之处

虽然日本、美国和欧盟根据自身实际情况，走出了不同特色的发展规划目标管理实践道路，但是本研究更为关注的是三者之间的共性，即在发展规划目标管理机制方面共性、普遍的规律性内容。

梳理三者的发展规划历史实践，不难发现，在发展规划的管理之中积极建立目标管理机制，是三者不约而同的做法。具体的共性做法至少包括：

① 对目标制定的重视。不仅注重规划目标在内容和数量上的科学性，还注重规划战略目标的逐层分解，建立不同层级目标之间的贡献与逻辑关系，以及里程碑、考核指标的设立等。

② 对目标执行体系的重视。规划战略目标在制定后决不能撒手不管，这显然已经是日、美、欧三方的共识。在规划目标确立后，要设计建立规划目标任务执行体系，通过不同类型的计划、政策、项目等渠道予以执行，才能使规划目标真正落实、落地。

③ 对目标落实过程中监督评估的重视。在目标分解、任务执行体系建立之后，重视并积极开展对规划执行进展和组织实施效果的监督和评估，督促各类规划执行主体按照规划的各项要求执行相关目标任务。

④ 建立配套的支撑保障机制。发展规划的目标管理是一项系统工程，需要建立相关方面的配套保障机制。在 3 个案例中，相关的配套支撑保障措施主要包括高层主管机构的统筹协调、配套文件的制定、相关指导和培训等。

⑤ 重视监测评估结果的应用。在 3 个案例中，日、美、欧三方都十分重视监测评估结果的应用，主要通过预算调整、政策与项目调整等手段响应监测评估的有关结论和建议。

来自日本、美国、欧盟的规划实践经验表明，目标管理这一管理理念和手段不仅可以，而且应该引入科技发展规划的设计与组织实施管理之中。

6.2 科技规划的目标设定与执行体系构建

根据目标管理理论，目标管理强调组织群体共同参与制定具体可行的、能够客观衡量的目标。组织的目的和任务必须转化为目标，目标的实现者同时也是目标的制定者。首先，他们必须一起确定组织的航标，即总目标，然后对总目标进行分解，使目标流程分明；其次，在总目标的指导下，各级职能部门制定自己的目标，这样有利于培养一线职员主人翁的意识，唤起他们的创造性、积极性、主动性（德鲁克，1954）。因此，在科技发展规划制定一开始的目标设定环节即需要引入目标管理机制。

6.2.1　关于科技规划的目标设定

在科技规划的目标设定环节，需要注重和留意以下几个方面。

（1）确保科技规划目标的科学性

在科技规划目标设定中引入目标管理机制，首先需要确保目标制定的科学性。一般来说，规划目标应满足管理学上的“SMART”原则①（Doran，1981）：

——规划目标应是具体的（specific）。目标内容要言之有物，切忌空洞的口号式、原则性的表述。

——规划目标应可测量（measurable）。设定的目标不能定性地泛泛而谈，要有量化的考核指标，易于开展实时监测和评估，同时还要明确基线状态。

——规划目标应是可实现的（achievable）。制定规划目标应实事求是，不可脱离实际贪功冒进、设立难以实现的目标，否则最后受损的只能是政府的公信力。如《里斯本战略》正是由于设置了“超载”的目标才招致了最终的失败。

——规划目标应是相关的（relevant）。规划目标要与经济社会发展等需求紧密相关，能够有力解决经济社会发展中的重大问题，而且能够支撑实现上一层级规划中的目标。

——规划目标应具有时间期限（time-bound）。规划目标要明确实现的时间期限，可以制定详细的施工路线图，明确重要的时间节点和里程碑事件。

（2）注重科技规划目标的分解

由于发展规划属于战略层面的政策指导文件，因此其战略目标和理念常常由于过于宏观，难以全部满足 SMART 原则。这时需要通过对目标的不断分解来加以解决。

“问题树 – 目标树”模型，是发展援助机构（如联合国开发计划署、亚洲开发银行等）广泛使用的一个项目规划工具。在科技发展规划的目标设定

① “SMART 原则”最早由 Doran 博士提出，此后不断发展出多个版本，本论著采用的是当前较为流行的一个版本。

上，可以借鉴“问题树–目标树”的理念和做法，通过层层分解建立科技发展规划的目标树模型。事实上，国外不少国家和地区已经在规划实践中使用了这种方法。如日本第3期《科技基本计划》将3个“理念目标”细分为6个“大政策目标”，然后又进一步分解为12个“中政策目标”，最终分解为63个“个别政策目标”。美国要求各联邦机构根据联邦政府优先目标确定本机构的战略规划目标，描述本机构战略规划目标如何对联邦政府优先目标产生贡献，并将机构战略规划目标细分为各个年度的绩效目标。欧盟要求各成员国根据《欧洲2020战略》的五大头条目标分别制定本国的国家目标，同时在欧盟层面也制定了支撑头条目标实现的7个旗舰计划的目标。

可见，将科技规划的战略目标进行分解，形成树状目标体系，不仅必要，而且可行。战略目标通过逐层分解后，将更加具体明确、更易于组织实施，也更易于监测评估和考核，即更易于满足SMART原则。如图6.1所示。

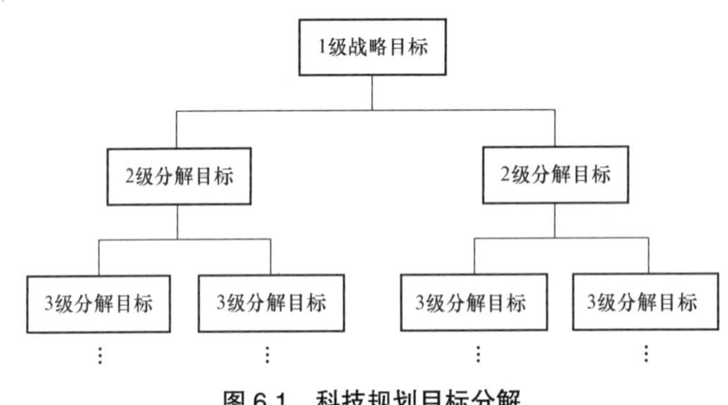

图6.1 科技规划目标分解

然而在进行规划目标的逐层分解时，还应注意以下几个方面：

一是目标分解的逻辑性。上下级目标之间应该有充足的逻辑关联性，下级目标的实现，应能够在逻辑上有力地支撑上级目标的实现。一个下级目标可以支撑一个或多个上级目标；相对应的，一个上级目标也可以是一个或多个下级目标共同支撑贡献的结果。

二是目标分解的完整性。在分解目标时应注意保持目标内容的全面性和完整性，不能避重就轻、有选择地进行分解。换言之，全部下级分解目标的内容总和应等于上级目标核心要义的总和，不能缺项、曲解以及掺杂不利于目标实现的其他成分。

三是目标分解的简洁性。为确保规划的可操作性，目标分解的数量不宜过多。不能一味追求目标分解逻辑关系的完美性，对目标进行无穷无尽的分解。必须在规划的可执行性和目标分解逻辑关系的完美性之间保持平衡。需要抓住问题的主要方面，在关键时刻祭出“奥卡姆剃刀”——如无必要，勿增实体，删减不必要的细枝末节。

四是目标分解的民主性。一方面，在制定国家总体科技规划的目标时，要让各级各类规划执行人员积极参与，听取他们的意见建议；另一方面，在目标分解时要注意权力的下放，将制定专项规划（子规划）目标、科技计划/政策目标以及项目目标的权力下放至各层级规划执行主体。这样既能使各层级的目标设定更加符合实际，又能培养规划执行人员的主人翁意识，唤起他们的创造性、积极性和主动性（德鲁克，1954）。同时，国家层面也要提出规范要求，注重做好对各级分解目标设定的指导和监督检查。

6.2.2　建立基于目标管理的科技规划执行体系

在规划目标科学制定之后，即需要有力的执行举措来落实这些目标，否则规划制定得再漂亮也只是空中楼阁，亦即通常所说的“一分部署，九分落实”。

（1）建立科技规划的执行体系

虽然科技规划的实施涉及方方面面，需要全社会共同参与，但是科技发展规划的组织实施主要涉及的是规划、计划、项目 3 个层次。

与规划的定义五花八门一样，项目的定义也有多种。关于项目（project）的定义，国际标准组织（ISO）在其发布的《质量管理——项目管理质量指南》（2017）中将之定义为“一个实现某个目标的特定过程”。美国项目管理学会（PMI）在其《项目管理知识体系指南》（2004）中将项目定义为“一种旨在创造某种特定产品、服务或结果的临时性努力”，而把那些持续性的、重复性的工作称为“运作”（operation）。中国（双法）项目管理研究委员会（2006）在其《中国项目管理知识体系》中综合关于项目定义的各种描述，推荐了一种较为广义的项目定义，即“项目是为实现特定目标的一次性任务”。

关于计划（program）的定义，《项目管理知识体系指南》（2004）认为“计划是一组需要以协调的方式管理才能取得利益和控制的相互关联的项目，如果单独管理这些项目则不能取得这些利益和控制”。同时，美国项目管理学会在该指南中还提出了比计划规模更大的“项目组合”（portfolios）的概念——“项目组合是项目或计划以及其他工作的集合，而且将这些项目或计划以及其他工作组合在一起，有利于促进有效管理以实现战略商业目标”，并认为存在着“战略规划、项目组合、计划、项目、子项目”的层次结构。《中国项目管理知识体系》（2006）沿用了美国项目管理学会关于计划的定义，并强调计划与项目最本质的区别在于二者有着不同性质的“目标”——计划的目标通常是抽象的，内涵会随着时间的推移或环境的变化而变化，而项目的目标通常是明确而具体的；另外，在项目之下，还提出了子项目、工作包、工作单元、任务、活动等不同层级的概念。

在我国科技领域存在着数量众多的科技计划，如大家熟知的“863 计划”“973 计划”等。科技计划除了研发类计划外，一般还包括政策引导类计划、人才类计划以及平台基地类计划等。2014 年国务院发布《关于深化中央财政科技计划（专项、基金等）管理改革的方案》，将中央财政支持的科技计划整合为国家自然科学基金、国家科技重大专项、国家重点研发计划、技术创新引导专项（基金）、基地和人才专项新的五大类科技计划。而科技计划一般由科技项目（包括科研项目、人才项目、基地项目、风险投资项目等）组成，有时项目之下根据需要还会设置若干课题以及子课题、子子课题等。

除了科技规划、科技计划、科技项目之外，我国科技领域还经常使用科技政策这一工具，尤其是在改革科技体制机制、完善科研项目管理、促进产学研合作和成果转化等方面，通常以国务院或相关部委发文的形式出台某项政策，制定一系列具体的措施。例如，2018 年国务院发布《国务院关于优化科研管理　提升科研绩效若干措施的通知》（国发〔2018〕25 号），出台了合并财务验收和技术验收、赋予科研单位科研项目经费管理使用自主权、开展“唯论文、唯职称、唯学历”问题集中清理等 20 项具体措施。按照美国项目管理学会关于项目是“一种旨在创造某种特定产品、服务或结果的临时性努力”的定义，这些具体的措施应属于广义上的“项目”，而制定这些相互关联的措施的国发〔2018〕25 号政策文件亦应属于广义上的“计划”。事实上，公共政策学的创始人拉斯韦尔和卡普兰也认为，公共政策是“一种具有目标、价值与策略的大型计划”（张金马，1992），也强调政策是一种以特定目标为取向的行动计划。结合我国国情，同时为便于统一表述，本论著将科技政策（policy）与科技计划（program）并列，并根据项目的定义，将科技政策中的具体措施也视为“项目”层级。

在某些科技规划的实际执行过程中可能还会再制定若干专项规划，从而形成“规划、子规划、计划/政策、项目/措施”的执行体系。有些规划可能只涉及科研项目，并没有制定相关政策，从而形成“规划、计划、项目”执行体系，甚至可能在规划中直接设立相关重大项目，形成“规划、重大项目、子项目”执行体系，等等。为便于通用表述和确保体系的简洁性，本论著将重点针对规划、计划/政策、项目 3 个最常见的层级，以“规划、计划/政策、项目/措施”作为典型的规划执行体系开展研究。

需要说明的是，虽然企业已经成为我国的创新主体并开展了大量的科技创新活动，但对于企业的科技创新行为，应充分发挥市场这只“无形之手”的决定性作用。规划这只“有形之手”不宜也不能对企业的创新活动进行直接干预，而只能通过科技计划项目、科技政策措施引导企业的创新行为。事实上，企业等社会化创新主体也主要通过承担相关科技计划项目、落实相关科技政策措施等参与科技规划的实施。同时鉴于企业等社会化力量自发落实科技规划的创新活动难以统计监测，因此本论著在建立科技规划的执行体系时主要考虑各级政府执行落实科技规划的活动（包括出台科技计划和政策等），而未将企业等社会化创新主体自发性执行落实科技规划的科技创新活动纳入。

（2）在科技规划执行体系中引入目标管理机制

无论定义或层级怎么划分，当前摆在科技规划实施面前最为紧迫的问题是执行过程中的“黑箱”问题以及由此造成的规划实施成效的“归因”难题，即到底哪些科技计划项目、科技政策措施是受规划的引导产生的？哪些效果和成效是由规划的实施带来的？换言之，关键是如何使科技规划与科技计划项目、科技政策措施实现“挂钩”，建立规划与实施成效之间的因果联系。

事实上，实施效果的归因是规划界面临的一个普遍难题，尤其是对于像空间规划等复杂性程度较高的规划而言。这也是与计划评估、项目评估相比，规划评估较少开展的主要原因之一（Guyadeen 和 Seasons，2016）。在国外，已有一些学者尝试破解规划的归因问题。葡萄牙学者 Oliveira 和 Pinho（2011）注意到了要想证明规划实施的成功，必须加强实施结果与规划本身之间的关联，提出了“规划（plan）—过程（process）—结果（result）”的“PPR 方法”，并在里斯本、波尔图两个城市规划的评估中进行了探索应用。但是该方法并没有清楚揭示连接实施结果与规划本身的“过程（process）”的内涵和实施路径究竟是什么，只是笼统将之称为“过程”——对于我们来说，仍是一个谜之“黑箱”。

美国学者 Lucie Laurian 等（2010）在总结梳理规划评估发展历程的基础上，提出了 POE 方法，并选取了雨水管理与河流水质、古建筑保护、风景与生态保护 3 个主题对新西兰区域规划的实施效果进行了评估。该方法主要包括 3 个步骤：第一步，由评估人员画出“规划逻辑图”，确定哪些层级的规划能够“在逻辑上”产生预期的成效；第二步，将规划目标与实际观测到的成效进行比对，以确定规划目标是否实现；第三步，由专家（包括当地人士）共同对规划的执行过程，以及能够产生成效的规划与非规划因素（包括其影响权重）等进行分析，通过软件测算出规划对成效产生的贡献。POE 方法虽然在解决归因问题上更进了一步，但仍然存在着一些缺陷：首先，Lucie Laurian 等人自己也坦承，这种方法只适合用来评估规划的某个方面的具体成效，不适合用来评估规划的整体成效；其次，在成效的归因上完全依赖于专家的主观判断，容易与实际情况出现偏差；最后，这种方法属于事后评估，没有提前介入规划的实施过程，对规划的执行情况不能及时进行反馈和纠偏，“事后诸葛亮”的作用与意义毕竟有限。

上述城市规划、区域规划的实施过程，是经济、社会、人口、土地、环境、资源、交通、城乡建设等众多因素相互作用的过程，最终产生的实施成效确实错综复杂，难以厘清。相比之下，科技发展规划在执行上相对较为简单，能够构建“规划、计划/政策、项目/措施”执行体系。但是，如果不同层级要素之间缺乏连接的“桥梁”，那这个执行体系仍然是混乱不堪的，规划的实施效果也是难以“归因”的。

因此，作者认为，极有必要在已构建的“规划、计划/政策、项目/措施”执行体系的基础上，引入目标管理这一手段，进一步构建基于目标管理的“规划—计划/政策—项目/措施”执行体系，即通过目标之间的贡献关系，连接不同层级的要素，理清规划实施的脉络，将规划实施过程中的“黑箱”打开，继而有望破解归因等难题[①]。事实上，美国、日本已经在规划实践中实现了这一点——在美国，根据《绩效现代法案》的要求，每一层级的规划、计划或政策/项目都要说明对上一级目标实现的贡献；日本则直接将科技规划目标任务分解到每一个政府部门，落实到各部门的科技计划/政策之上，进而直至落实到一个个具体的项目/措施之上。

6.3　科技规划目标管理的两种模式

关于在科技规划执行体系中如何引入目标管理机制，从前面对日本、美国和欧盟规划实践的分析中，我们目前至少可以总结出两种科技规划的目标管理模式：一种是“目标细分型”的模式，一种是“问题导向型”的模式。

6.3.1　“目标细分型”目标管理模式

“目标细分型”科技规划目标管理模式，即以规划目标的逐层分解与实现为导向的目标管理模式。这也是目前在规划实践中最为常见的一种模式。日本第 3 期《科技基本计划》、美国《绩效现代法案》、欧盟的《欧洲 2020 战略》都采用了这种目标管理模式。

建立科技规划“目标细分型”的目标管理模式，具体步骤如下：

第一步，明确制定科技规划的战略目标愿景，并根据实际情况在规划层面对这些战略目标逐层进行细化分解。

---

① 由于发展规划实施的社会背景复杂，而且在实施过程中规划内部各要素之间会相互交织影响，产生规划实施成效的叠加效应，因此要想完全彻底地解决发展规划实施成效的归因问题是不切实际的，也是无法实现的。本著作所做的探索也仅是提供一条创新性的可能路径，从理论上尝试部分破解这一难题。

第二步，明确未来科技发展的重点领域、重要政策、重大专项/工程等，通过这些重点任务来实现规划战略目标的顺利完成。

第三步，建立各个层面的目标管理，即明确各级各项任务单元对上级目标的具体贡献。具体而言，各政府部门和管理机构在围绕重点领域、重要政策、重大专项/工程等重点任务出台科技计划、制定科技政策时，需要明确描述其对支撑实现规划目标的具体贡献，列出所对应的规划目标内容；同样地，各科技计划在设置科技项目、各科技政策在制定具体措施时，需要明确描述这些项目/措施对支撑实现科技计划、科技政策目标的贡献，以及对相应的规划目标的贡献。

第四步，明确各级各项任务单元对上级目标的支撑力度。为厘清各级任务单元对上级目标的贡献大小，必须在说明对实现上级目标的具体贡献的同时，明确支撑贡献的力度——可通过赋予相应的支撑实现权重系数来反映支撑目标实现的力度。在实际中，有的任务单元可能对应支撑实现多个上级目标，但支撑贡献的力度都很弱；而有的任务单元可能只支撑对应 1 个上级目标，但支撑贡献的力度却很强。因此，为科学地反映规划目标的支撑落实情况，需要引入相应的权重系数。

最后，建立相应的监督机制。是否支撑实现上级规划目标、支撑的力度是强是弱，不能全凭各级政府部门和管理机构"自说自话、自拉自唱"，必须引入相应的外部监督机制。可以借鉴美国《绩效现代法案》的做法，要求各政府机构在网站上对这些信息予以公开，接受公众和立法监察机关的监督；也可以借鉴 POE 方法，邀请专家对支撑规划目标实现的贡献及其支撑力度进行评估确认。

这样，通过各级目标之间的"贡献"关系，可以顺利实现"规划—计划/政策—项目/措施"（plan—program/policy—project，PPP）[①] 3 个层级的有机连接，建立起不同层级间的逻辑关系，如图 6.2 所示。而且在规划执行过程中，可以通过目标这一线索顺藤摸瓜，了解哪些规划目标，由哪些计划/政策、哪些项目/措施予以支撑落实，亦即打开科技规划执行过程中

① 如前文所述，政策之中的"措施"实质上符合"项目"的定义，另外许多政策之中也会包含一些项目，因此英文对"项目/措施"未加区分，统一翻译为 project。

的“黑箱”[①]。同时也为破解规划实施绩效的归因难题提供了一条可能路径，为科学开展科技规划实施监测评估提供前提和基础。

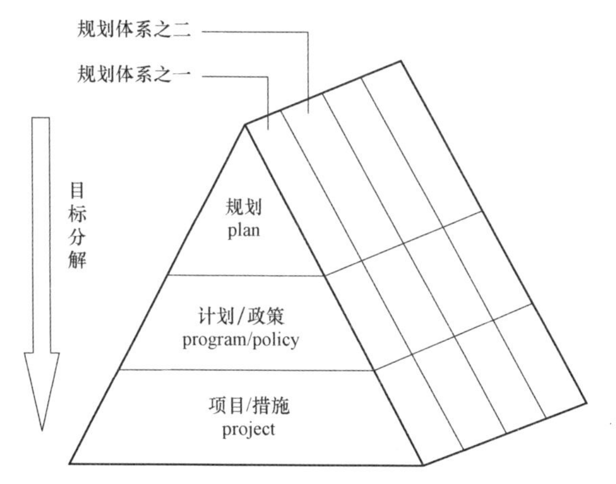

图 6.2　“目标细分型”的科技规划目标管理模式

6.3.2 “问题导向型”目标管理模式

“问题导向型”目标管理模式，即以解决经济社会发展中的问题为导向的目标管理模式。代表性的实践做法是日本第 4 期、第 5 期《科技基本计划》和《科学技术创新综合战略 2013》采取的目标管理方式。

建立科技规划“问题导向型”的目标管理模式，具体步骤如下：

第一步，与“目标细分型”模式一样，首先需要明确制定科技规划的目标愿景，并根据实际情况在规划层面对这些目标进行逐层细化分解。

第二步，需要对规划致力于解决的重大问题进行识别和定义。关于问题的定义，公共政策分析领域已经有十分成熟的方法经验可以借鉴。需要说明的是，科技规划拟解决的重大问题应该是对规划目标的实现能够产生最主要影响的科技问题，而且数量不宜过多——日本第 4 期《科技基本计划》凝练了 3 个“重要问题”和 5 个“直面问题”，《科学技术创新综合战略 2013》

① 需要补充说明的是，除了科技计划/政策、科技项目外，各级政府、广大科研机构和科研人员还开展了大量日常持续性的、重复性的工作（即“运作”），如收发文件、召开例会等。这些工作对于落实科技规划也做出了重要贡献，但这些日常工作并不是为了实现特定目标的一次性任务，也难以通过目标对其进行管理，因此作者未将这些日常性工作纳入基于目标管理的科技规划执行体系。

又进一步凝练，形成了 5 个“政策问题”。凝练形成的“重大问题”不仅是本国面临的棘手问题，也可能是全世界共同面临的紧迫性问题。

第三步，建立各个层面目标的关联。对上，要将识别的重大问题与规划目标相对应，建立逻辑关联，即每个问题的解决都要能支撑一个或多个规划目标的顺利实现；对下，要面向问题的解决凝练出技术需求和政策需求，各政府部门在出台科技计划、政策时，要明确科技计划与政策（及其包含的科技项目/措施）的目标对支撑问题解决的具体贡献，以及支撑解决的力度（可以通过权重系数来反映支撑力度的强弱大小）。

最后，与“目标细分型”模式一样，“问题导向型”目标管理模式也要建立相应的监督机制。通过信息公开、行政法律监督、专家评估等方式，对上述各层面目标的关联情况开展监督检查。

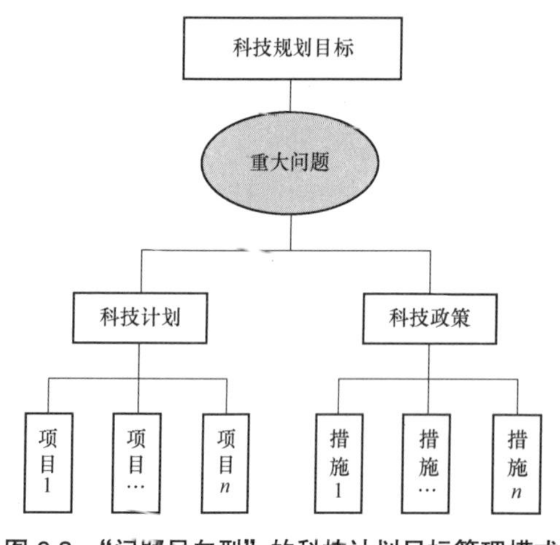

图 6.3 “问题导向型”的科技计划目标管理模式

“问题导向型”的科技规划目标管理模式如图 6.3 所示。

“问题导向型”的科技规划目标管理模式既符合科学技术自身的性质特征和社会功能，也满足当前全球发展的新形势需要。贝尔纳（1939）认为科学天生具有 3 个彼此互不排斥的目的：使科学家得到乐趣并且满足他天生的好奇心、发现外面世界并对它有全面的了解、把这种了解用来解决人类福利的问题；而且坚信科学理应使技术本身不断发生不可预料的根本变革，因此人们必将认识到科学是根本性的社会变革的主要因素。20 世纪 90 年代以来，各国开始纷纷强调科学技术应对本国经济和社会目标做出贡献，更加注重加强国家创新体系建设，对科学、技术与创新的政策研究成为公共政策研究的一个亮点并在全球范围广泛开展（陈劲，2013）。当前，人类社会面临着 200 多年的工业化进程催生的能源资源日益枯竭、环境遭受巨大破坏等一系列问题，应对这些问题需要创建新的生产方式和生活方式（白春礼，2014），而新生产方式和生活方式的创建归根到底还是要依靠科学技术的发展。

另外"问题导向型"的目标管理模式也更加符合科技规划的定位。按照我国发展规划"三级三类"管理体系，科技发展规划应该是国家综合性、总体性的"国民经济和社会发展规划"之下的专项规划，目标定位应是通过科技创新的发展最终服务于经济和社会的发展。问题导向的科技规划目标管理模式，能够促使科技资源围绕制约经济社会发展的重大科技问题集中投入、协同攻关，更加有利于实现科技发展规划的目标定位。

因此，与"目标细分型"目标管理模式相比，"问题导向型"的目标管理模式更加注重结果导向，更加贴近经济社会发展的实际需求，因此在科技规划的制定与组织实施中，具有更为广泛的应用前景。这种模式不仅更符合发展规划的属性定位，也符合当今科学、技术与创新"一体化"的发展潮流。

不过值得注意的是，当前科技发展的趋势之一是基础研究、应用研究、高技术研发边界日益模糊，并相互促进融合为前沿研究，从科学发现到技术应用的周期越来越短（白春礼，2014），需要科学技术与社会系统迅速、紧密地结合，才能顺利实现科学技术成果的及时应用，因此在科技规划识别定义完问题之后还要注意政策的"协同性"（coherence）。因为解决制约经济社会发展的重大战略问题，光靠科技创新是远远不够的，还需要财税、交通、建设、能源、农业、教育等社会系统其他各个方面的协同配合，亦即需要实现日本第 5 期《科技基本计划》所称的"科学技术创新的总动员"——"以解决重大战略问题的技术/政策需求为中心，产学研结合、各相关部门互相配合，社会各方面的利益相关人共同努力，充分利用跨部门、跨领域机制，实现从科研到社会实际应用的一体化整体推进"。换言之，在采用"问题导向型"目标管理模式制定和组织实施科技规划时，必须系统性通盘考虑问题解决所涉及的各个方面，对相关社会系统、政府部门提出明确要求，在规划的顶层设计层面即实现"创新链"和"政策链"的无缝衔接、协同匹配。

6.3.3　基于目标管理的 PPP 逻辑链接的构建

虽然"问题导向型"目标管理模式更符合当今的科技发展潮流，但是在本质上，"目标细分型""问题导向型"这两种目标管理模式并没有优劣之分，只有适用的条件和场合之分。一般来说，在科技发展与经济社会间的关系较简单时（如基础研究领域的发展规划），适合使用“目标细分型”模式；在强调绩效问责的场合，需要注重强化绩效目标的考核，也适宜采用“目标细分型”模式，正如美国《绩效现代法案》采取的便是这种模式；在规划发布机构的组织协调力度较弱、难以对重大问题的解决进行协调时，也适宜采用“目标细分型”而非“问题导向型”模式，如欧盟在实施《欧洲2020战略》时采用的也是目标细分的做法。反之，在科技发展与经济社会间的关系较复杂，以及规划发布机构的组织协调力度较强时（如日本第4期、第5期《科技基本计划》的实施），则适宜采用“问题导向型”目标管理模式。

此外，“目标细分型”和“问题导向型”这两种目标管理模式还存在着以下区别：

首先，在逻辑起点上各不相同。“目标细分型”模式是根据当前发展趋势，通过前瞻预测未来发展确立规划战略目标；而“问题导向型”模式是为了解决当前面临的最紧迫问题和挑战，满足本国乃至人类生存、发展的需求（如日本第5期《科技基本计划》将“全球规模问题的应对”纳入），然后“倒果为因”，使问题解决后应达到的状态即为规划战略目标的实现。其次，两者在实现手段上各不相同——一个以目标为抓手，一个以问题为抓手。“目标细分型”模式主要依靠遴选各重点领域、重点政策，然后确定各重点领域、重点政策目标，最后通过具体的科技计划/政策解决各领域、政策方面的具体问题，进而逐层实现规划战略目标。而“问题导向型”模式是通过凝练经济社会发展中的最紧迫和最重要的战略问题，然后面向战略问题的解决，设立相关的科技计划/政策，开展科研与创新等活动，最终通过战略问题的解决实现规划战略目标。

虽然“目标细分型”和“问题导向型”这两种目标管理模式的起点不同、采取的手段不同，但是殊途同归，它们最终的落脚点却是相同的——都是为了使规划的战略目标顺利落地和实现。更为关键的是，这两种目标管理模式都能够成功建立起科技规划执行体系中“规划（plan）—计划/政策（program/policy）—项目/措施（project）”3个层面的逻辑链接（简称“PPP逻辑链接”），从而使规划组织实施自上而下的逻辑链条顺利“贯穿打通”——最顶层的抽象规划目标，通过层层分解，最后直接落实到具体的计划项目与政策措施之上，实现各级政府部门制定出台的计划、政策、项目的可追溯，继而实现规划实施结果的可归因。

建立基于目标管理的 PPP 逻辑链接的作用和意义在于：

首先，能够使规划的目标切实得到执行落实。规划目标与计划/政策、项目/措施的匹配对接，能够使规划目标顺利“落地”，获得实实在在的支撑；同时，目标责任也由此“自上而下”地层层传导，最终将中央政府的目标、各部门的目标、各项目承担单位的目标紧密联系在一起，提高各部门、企业和社会各类组织机构参与规划实施的积极性和主动性。这一做法，符合目标管理通过目标来指导、激励全体人员的思想和行动的宗旨，正如目标管理理论提出者德鲁克所言——“不是因为有人叫他们做某些事，或是说服他们做某些事，而是因为他们的任务目标要求他们做某些事（岗位职责）”（许一，2006）。

其次，能够为规划实施的监测提供前提基础。依托目标管理，打通“规划→计划/政策→项目/措施”逻辑链条，可以使顶层的规划目标与具体计划项目和政策措施实现“挂钩”。这样，在规划开始实施以后，规划主管机构可以在汇总各方面规划执行主体的科技项目立项和政策措施制定信息基础上“顺藤摸瓜”，实时监测各项规划目标的执行落实情况，获知每个规划目标已经得到了哪些计划项目和政策措施的支撑，以及支撑的力度如何，等等。

最后，使科学地开展规划实施的评估成为可能。顶层规划目标与具体项目/措施实现了“挂钩”，为科学评估规划的实施效果提供了可能。由于科技计划项目、政策措施都是依据规划目标而设立出台的，其目的是为了执行落实上层的规划目标，那么这些科技计划项目、政策措施产生的成效和影响自然属于科技规划的实施效果，而那些与规划目标无关的计划项目、政策举措产生的成效和影响自然也不应当视为科技规划的实施效果。例如，有媒体报道，某地方政府为应付生态环保检查，竟然用绿漆偷偷将山体“刷绿”企图蒙混过关（蔡晓辉，2019）。在建立 PPP 逻辑链接后，若检查评估时发现当地政府并没有关于植树造林、生态修复等方面的财政项目支出，也没有出台相关的政策，那么根据 PPP 逻辑关系即可判定：山体“变绿”要么是当地政府在造假，要么绿化的效果应归功于其他因素，反正与当地政府执行落实生态环保规划无关。可见，通过 PPP 逻辑链接可以破解规划实施评估中的归因难题，自然也规避了前述有关学者对当前我国规划评估科学性、严谨性的批评和质疑。

6.4 科技规划目标管理的保障机制

正如德鲁克（1954）所言：目标管理必须投注大量心力，并需要特殊工具，因为管理者并不会自动自发地追求共同的目标。因此，为了保障目标管理机制的顺利运行，还需要建立若干方面的配套措施。从实践来看，日本的《科技基本计划》、美国的政府绩效管理、欧盟的《欧洲 2020 战略》在实施过程中都十分重视对目标管理机制的保障，采取了多种针对性的配套措施。一般来说，推行科技规划的目标管理需要建立与之配套的以下保障机制。

（1）最高层领导的参与机制

Aplin 和 Schoderbek（1976）曾对美国联邦政府部门引入目标管理的情况进行了调查，总结出了影响目标管理成功实施的 4 个主要因素：① 目标设定过程所影响的下属数量；② 反馈的相关性；③ 最高层目标的设定；④ 最高层领导对目标管理的支持。Odiorne（1976）经过研究后也指出，无论是在公共部门还是私营部门，最高层领导参与不足都是导致目标管理失败的一个关键性原因。另外关于目标管理的多项研究均表明，最高层领导对目标管理的参与程度越深，目标管理实施的效果和成功的概率也会越大。

在本论著研究的 3 个典型案例中，最高层领导都不同程度地参与了规划目标的设定环节。在美国，联邦政府优先目标（即国家层面的规划目标）由总统亲自参与制定并列入《总统管理议程》；在日本，五年科技规划目标由首相担任议长的综合科学技术创新会议制定；在欧盟，《里斯本战略》《欧洲 2020 战略》中的战略规划目标均由各成员国首脑组成的欧洲理事会讨论确定。

如果最高层领导经常与高级管理人员讨论最高层的组织目标的设置、实现的进展等，那么高级管理人员也会更多地与下属讨论本部门所负责的目标的设置、实现的进展等，这样通过“一级带一级”，也就促进了最高层组织目标的顺利执行与落实。从这种意义上来说，目标管理是一个“自上而下”

逐层渗透的过程。我国发展规划（包括科技规划）的实施也是一个“自上而下”通过规划体系逐层落实的过程。最高层领导对发展规划目标管理的身体力行和深度参与，无疑能够把这两个“自上而下”的过程有机地融合在一起。

（2）目标的责任分工机制

没有责任就没有压力，如果没有明确的目标责任归属，规划的执行就会不可避免地陷入无动于衷、推诿扯皮、交叉重复、混乱低效等境地。因此必须要明确各类目标的责任机构和责任人。

如美国《绩效现代法案》明确要求，每类绩效目标都要确定明确的目标负责人。从最顶层的联邦政府优先目标开始，每个目标都确定了负责人；将联邦政府优先目标分解到每个年度的联邦政府年度绩效目标后，也要确定一名政府领导官员负责协调各方努力，实现该目标；除在每个联邦机构设立首席运行官和绩效改进官外，每个机构的优先目标也都要确定一名官员担任目标负责人（Goal leader）。日本第3期《科技基本计划》的配套实施文件《各领域推进战略》则为273个重点研发课题的研发目标和成果目标逐一确定了牵头负责部门。只有责任到单位、责任到人，才能确保各级目标得到积极有效的落实和推动，才能使基于目标管理的规划执行体系顺畅地运转。

需要补充说明的是，在对目标进行责任分工、明确责任归属之前，目标应该是具体、明确和可考核的，即符合“SMART”原则。否则，含糊、笼统的目标即便明确了责任部门、责任人，也会由于无法考核导致难以问责，最终使责任分工形同虚设。

（3）细化文件的配套制定机制

科技规划涉及面广、实施周期长，但规划文本的篇幅毕竟有限，因此需要制定相关的配套文件辅助细化科技规划的实施。根据国内外的实践经验，一般可以从内容和时间两个维度进行细化。

在内容维度上，一般可针对规划确定的重点领域、方向、重大项目等制定专门的配套实施文件。如日本第2期、第3期《科技基本计划》针对遴选确定的8个重点领域，分别制定了配套实施的“各领域推进战略”。通过“各领域推进战略”详细地确定了各个领域的重点方向、研发目标和推进策略。

在时间维度上，为便于各类规划执行主体在每年年初即能明确执行时的重点和方向，一般根据形势发展变化，制定年度的规划实施计划，将科技发展规划的目标内容细化到各个年度。如日本第5期《科技基本计划》要求根据最新的经济社会形势变化制订每个年度的实施计划（《综合科学技术创新战略》），依照基本计划中的规划目标和任务确立年度目标和任务。美国《绩效现代法案》也要求根据联邦政府优先目标制订各年度的联邦政府绩效计划。《欧洲2020战略》要求各成员国每年根据五大头条目标和欧洲理事会每年春季形成的战略政策指导意见，制订本国的国家改革计划、稳定和趋同计划。

制定落实科技规划的配套执行文件，在内容上，能够进一步明确规划有关目标任务的要求，从容地对有关目标任务进行细化部署，增强规划实施的可操作性，从而使各级各类规划执行主体更易于执行落实规划，以及更加精准地决策施策；在时间上，也有利于规划制定者根据经济社会和科技创新发展的最新动态，更加灵活、科学地细化科技规划中的各项目标任务，对陈旧过时、已不符合经济社会发展需求的有关内容及时进行动态调整。

（4）统筹协调和监督检查机制

科技规划的实施涉及方方面面，因此需要常设一个层级较高、能够对规划组织实施进行统筹协调和督导的机构。在美国，这一机构是总统预算管理办公室；在日本，是首相作为议长的综合科学技术创新会议；在欧盟，则是欧盟的常设执行机构——欧盟委员会。新中国建设初期制定的“十二年科技规划”在实施时保留了规划制定时成立的科学规划委员会（由聂荣臻担任党组书记），负责监督检查科技规划的实施，汇总平衡各个系统的科研计划，为保障“十二年科技规划”成功实施发挥了重要作用。

总体而言，这个统筹协调和督导机构需要超脱部门利益、从国家整体利益的更高站位出发，对规划的组织实施和目标管理进行统筹协调和监督指导，如：明确规划目标的分配和责任归属，确保目标分配的科学性与均衡性；制定有关工作要求和规范，对各部门落实规划目标任务的进度进行督导；对各部门的自评价报告和结果进行审核，督促各部门改进和加快推进未按期实现目标任务的组织实施；对跨部门的计划/政策、有关事项等进行组织协调和监督评估等。

另外，科技规划目标管理机制的有效落实还需要相应的外部监管机制予以保障。像《里斯本战略》那样采用“开放式协调法”的软性治理模式，一厢情愿地希望依靠各类规划执行主体的“自觉”来落实规划目标，很可能会使规划的组织实施遭遇失败。从实践来看，外部的监管机构一般主要为立法机构和审计监察机构。立法机构一般作为最高权力机关，能够对国家规划政策的实施与评估发挥有力的监管作用。如，美国《绩效现代法案》要求总统预算管理办公室（OMB）在制定联邦政府优先目标时、每个部门机构在制定本部门机构的战略规划时，都应征询国会的意见并说明意见的采纳情况；每年预算管理办公室要将其检查评估后认定的各部门机构未实现的年度绩效目标，专门报告给参、众两院。美国政府问责局（GAO）根据《绩效现代法案》要求，会定期对总统预算管理办公室、联邦政府各部门机构落实《绩效现代法案》要求的情况进行评估，并针对查找出的问题提出整改建议措施。

（5）信息公开机制

阳光是最好的“防腐剂”。在实践中，日本、美国、欧盟都十分注重相关信息的公开，其中以美国的做法最为典型。美国按照《绩效现代法案》要求，建立了专门的联邦政府绩效网站（www.performance.gov），联邦政府优先目标及各机构战略规划目标、优先目标的相关信息都能在该网站查阅。日本《科技基本计划》、欧盟《欧洲 2020 战略》的各项目标及其责任归属等信息也都能在网上查阅。

可见，在科技规划的制定与组织实施过程中开展目标管理需要坚持和推进信息公开。不仅规划的目标分解、责任分工要公开，各计划/政策、项目/措施在立项和出台时，其对规划目标的支撑贡献信息也要公开，以接受社会公众、广大科研人员的监督。这样既有利于保障目标分解、责任分工以及计划/政策、项目/措施对规划目标的支撑贡献关系的真实性、完整性和科学性，也有利于社会公众和科技界了解科技规划的执行落实情况，并根据相关任务分工对各部门的履职尽责情况进行监督，根据计划/政策、项目/措施对规划目标的支撑贡献关系，对有关计划/政策、项目/措施的最终实施绩效以及对规划目标的最终支撑贡献作用进行监督。

6.5 本章小结

本章对日本、美国、欧盟有关发展规划典型案例的目标管理实践经验进行了总结分析和比较，梳理了三者的个性特征与共通之处，进一步证明了目标管理理论与方法可以应用到科技规划的制定与组织实施之中。

在上述工作基础上，本章重点探讨了目标管理理论方法如何在科技规划制定与组织实施过程之中应用的问题。在“经验借鉴、需求牵引、理论支撑”三重背景下，提出了科技规划目标管理的相关模型。具体包括：提出了“目标细分型”和“问题导向型”两种科技规划目标管理模式，并通过这两种模式构建了基于目标管理的“规划—计划/政策—项目/措施”之间的 PPP 逻辑链接。基于目标管理的 PPP 逻辑链接，通过目标这一“桥梁”和“纽带”，将规划、计划/政策、项目/措施这 3 个不同层级的、原本相互离散的要素有机地联系在了一起，进而能够打开规划实施过程中的迷之“黑箱”，为科学开展规划实施的监测评估提供了前提条件。

另外，梳理总结了开展科技规划目标管理所需的若干保障机制，包括：责任分工机制、配套文件制定机制、统筹协调和监督检查机制以及信息公开机制等。

第 7 章　科技规划实施评估的 PPPR 模型与评估框架

发展规划是基于对未来形势发展变化的预见而采取的一种宏观调控手段，而未来的发展充满了不确定性，不可能百分之百地完全按照当初预见的轨迹发展。国内学者刘益东（2018）在总结人类发展历史现状基础上提出了“目标对不准原理”，包括目标对不准需求、计划对不准目标、计划执行对不准计划等，加之科研活动本身又存在着较大的不确定性，因此在科技发展日新月异的今天，科技规划的实施过程中无疑充满了未知之数。为此，在科技规划发布以后需要加强对规划实施情况的监测评估，以了解掌握规划执行进展和形势变化，及时进行动态调整和方向纠偏。上一章在规划实践基础上总结出的“目标细分型”和“问题导向型”两种目标管理模式及其建立的 PPP 逻辑链接，为科学开展科技规划实施过程的监测评估提供了新的基础。

7.1　规划评估理论方法的前期探索

目前，国内外评估界在项目评估、计划/政策评估方面已经积累了非常丰富的理论方法和实践经验，但是在规划评估方面的理论方法和实践经验积累还相对较少。以 2008 年召开的第八届欧洲评估协会会议和第七届规划评估国际研讨会为例（两个会议都是每 2 年召开一次），前者的会议宣讲数量高达 310 场，而后者的宣讲数量仅为 20 场（Oliveira 和 Pinho，2011）。著名评估学者 Lichfield（2000）将“规划评估国际研讨会”（IWEP）称为一个“小众的、勤勉的国际家庭”，在这个小众的国际家庭里，大家享受着“轮流举办会议、时不时见上一面”的乐趣。根据 Lichfield（2000）的统计，相比项目评估、计划评估等，规划评估不仅开展得较少，而且大多集中在“前评估”阶段，凸显了规划决策制定环节相比规划执行实施环节更加受到重视。可见，规划“重制定、轻执行”的现象，不仅在国内大量存在，在国际上也是一个相对普遍的现象。

虽然规划评估是一个相对小众的领域，但仍有不少专家学者在孜孜不倦地探索和开拓，并取得了一些重要的理论研究成果。其中具有代表性的有 PPIP 和 PPR 等方法模型。

Alexander 和 Faludi（1989）认为，规划的评估取决于对规划的理解和定义。对规划的认识主要有 3 种观点：一种是理性至上主义，极端地认为规划是“对未来的掌控”，要通过理性分析消除未来发展中的不确定性。在这种模式下，规划的评估标准是目标内容的“完全一致性”：如果规划内容被不折不扣地执行、目标被不折不扣地完成，就是成功的，反之则是不成功的。另一种则是另一个极端——拥抱不确定性的“决策中心”主义，认为规划只是用来服务于决策的工具，是帮助决策者掌握情况的“前期投资”和“探路石”，不必也不应该严格按照规划来执行。在这种模式下，规划的评估也是“决策中心”的——规划提前终止并使决策受益成为评估规划实施是否成功的标准。第三种模式是前两种的折中，即有限理性模式。这种模式既承认规划执行的重要性，强调规划执行与规划产出、实施成效之间的联系；又承认规划实施中的不确定性，认为必须对规划的执行过程开展评估，以使规划实施更加有效。基于这种折中模式，Alexander 和 Faludi 于 20 世纪 80 年代提出了规划实施与评估的“政策—规划/计划—执行过程”（policy—plan/programme—implementation process，PPIP）模型，如图 7.1 所示。根据该模型，他们还设计了以“一致性、理性过程（完全性、连贯性、参与性）、事前最佳性、事后最佳性、决策利用性”等为评价指标的规划评估框架，并绘制了极为复杂的“政策—规划—计划—项目”（PPPP）评估流程。

受 PPIP 模型及评估框架的启发，Oliveira 和 Pinho（2011）提出了“规划—过程—结果”（Plan—Process—Result，PPR）的方法，并从事前理性、过程绩效、结果一致性 3 个维度提出了适用于城市空间规划的评估框架。其

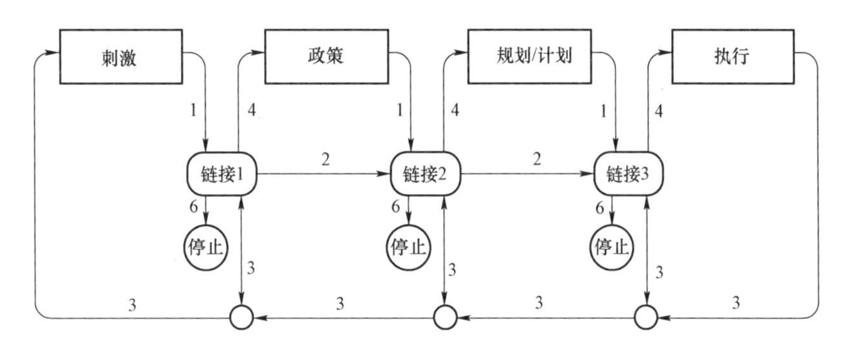

图 7.1　"政策—规划/计划—执行过程"（PPIP）模型

（资料来源：E. R. Alexander，A. Faludi（1989）. Planning and Plan Implementation：Notes on Evaluation Criteria［J］. Environment and Planning B：Planning and Design，16（2）：27－40.）

中，"事前理性"维度包含了规划内部连贯性、规划与城市需求愿景的相关性、规划系统的阐明、外部连贯性、规划制定与执行过程中的公众参与 5 个评估指标；"过程绩效"维度包含了规划在决策中的利用、人力与财政资源方面的承诺 2 个评估指标；"结果一致性"维度包含效果（规划—结果）、城市发展过程的方向 2 个评估指标。

Shahab 等（2019）则基于规划评估和福利经济学、新制度经济学的视角，提出了 6 个规划评估的指标：有效性（亦即一致性）、绩效、效率（包括静态效率和动态效率）、公平性（包括代内公平性和代际公平性）、可接受性（包括社会可接受性和政治可接受性）、制度性安排（包括管理可行性和交易成本）。

总的来看，目前国外在规划评估方面的研究探索，大多集中在城市规划、环境规划以及公共政策等领域，较少有涉及发展规划评估方面的理论研究成果。这或许和目前国外大多数国家较少制定关于经济社会发展方面的规划（包括科技规划）有关。

7.2　科技规划评估 PPPR 模型的构建

由于 PPIP 模型过于复杂，在实践当中并未曾运用。而且 Alexander 和 Faludi 对政策的定义与发展规划中对政策的定义并不一致——在发展规划领域，政策是狭义的，应该包含于规划之中，而在 PPIP 模型中却正好相反。

PPR 方法虽然在里斯本、波尔图两个城市规划的评估中进行了应用，但是该方法仅适用于城市空间规划的评估，而且不能解释连接规划实施结果与规划本身的“过程”（process）的具体内涵与路径，无法解决规划执行过程中的“黑箱”问题。虽然如此，PPIP 模型及 PPR 方法仍然为我们理解规划的实施过程、评估规划的实施效果提供了宝贵的思路借鉴。

在 PPIP 模型及 PPR 方法基础上，基于目标管理理论和科技规划“PPP 逻辑链接”的构建，作者参考经合组织（OECD）等制定的有关项目评估标准，借鉴日本、美国、欧盟的规划实践经验，并结合我国实际，提出了科技发展规划评估的 PPPR 模型，具体如图 7.2 所示。

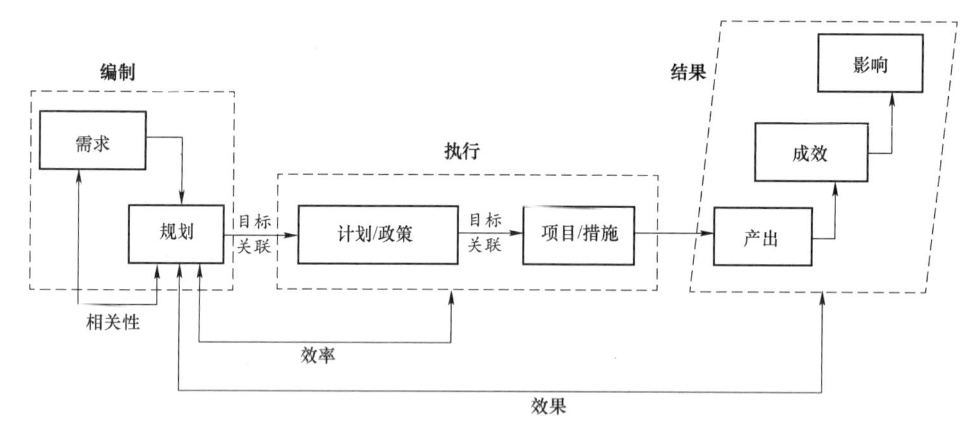

图 7.2 科技规划“规划—计划/政策—项目/措施—结果”（PPPR）模型

需要强调的是，“规划（plan）—计划/政策（program/policy）—项目/措施（project）—结果（result）”模型（简称“PPPR 模型”）的构建基础，是依据“目标细分”“问题导向”两种目标管理模式建立的“规划—计划/政策—项目/措施”PPP 逻辑链接。换言之，PPPR 模型中的计划/政策、项目/措施都是符合目标管理要求、与规划目标逻辑相关的，即都是能明确说明对哪些具体规划目标做出贡献的计划/政策、项目/措施。正如日本厚生劳动省设立的“身体机能分析、辅助、代替机器的开发”专项计划及其下设课题能明确说明支撑实现的是第 3 期《科技基本计划》中的哪些理念、大政策目标、中政策目标，以及哪些重要研发课题的研发目标、成果目标那样；也如美国每个联邦政府机构的项目活动、规章、财税支出、政策等，按照《绩效现代法案》(GPRAMA)要求，都能描述出对本机构哪些年度绩效目标产生贡献，进而知道对哪些机构战略规划目标、机构优先目标、联邦政府年度绩效目标、联邦政府优先目标产生贡献那样。

与 PPR 方法等相比，PPPR 模型具有以下创新之处：

首先，解锁了规划执行过程中的“黑箱”。在 PPR 方法中，规划的执行过程(process)仍是一个黑箱，Oliveira 和 Pinho 并没有阐释规划执行过程的明确内涵。而 PPPR 模型通过目标之间的关联贡献关系，将规划的执行过程解锁为“规划(plan)—计划/政策(program/policy)—项目/措施(project)”三阶结构，不仅明确了规划的执行路径，打开了规划执行过程的迷之“黑箱”，而且使模型要素内容进一步丰富。

其次，为破解长期困扰规划评估界的“归因”难题做出了创新性的贡献。通过目标之间的贡献关系打开规划执行过程中的“黑箱”，也为规划评估的“归因”创造了条件——如果计划/政策、项目/措施是为了落实规划中的某个目标而实施或出台的，那么这些计划/政策、项目/措施实施所产生的效果自然也是规划实施所产生的效果。虽然 PPPR 模型并不能 100%地解决规划实施成效的“归因”问题，但至少能够从理论上、从逻辑上“自圆其说”，从而为破解规划评估“归因”问题开辟了一条新的可能路径。换言之，PPPR 模型通过不同层级目标之间的关联贡献关系，使科学开展规划实施的监测和评估成为可能。

再次，实现了规划评估体系的整体构建。PPR 方法仅仅提出了“规划—过程—结果”的理论方法，并没有建立相关的评估模型。而 PPPR 模型参考 OECD 等国际组织的项目评估模型等，构建了覆盖发展规划“从编制、执行到结果产生”完整生命周期的评估模型。该模型不仅直观简洁，而且逻辑清晰，使规划评估更易于理解和操作。

另外，使用对象范围进一步拓展。PPR 方法仅适用于城市规划，而 PPPR 模型适用于科技规划和其他发展规划(综合性总体发展规划，教育、农业等其他领域的专项发展规划)，以及其他类型的具有类似执行体系的规划。

最后，实践经验来源进一步丰富。PPR 方法仅在 2 个城市规划的评估中应用过，PPIP 模型更是从未在实践中运用过。而构建 PPPR 模型的启示来源于日本5期《科技基本计划》、美国政府绩效管理、欧盟《欧洲2020战略》等丰富的规划实践，拥有更为广泛和丰富的实践经验作为支撑。

总而言之，PPPR模型通过不同层级目标之间的贡献关系，建立了从规划文本到实施结果之间的因果链，虽然这种因果关系可能是部分的，但确实是客观存在的。如果打一个不太恰当的比喻，把PPPR模型视为一棵大树，那么规划就是这棵树的主干，不同的规划目标是不同的分枝，计划/政策是每个分枝上的树杈，项目/措施则是每个树杈上的花朵，每个花朵最终结出的果实就是规划最终的实施结果，而平时的浇水施肥、除草除虫等则是促进规划目标管理顺利运行的各项保障措施。如此，每年丰收时，哪个分枝硕果累累、哪个分枝一无所获便可一目了然。到规划实施结束时，如果每个分枝都硕果累累，那就实现了"十年树木"的目的，规划的实施也就获得了真正的成功。而把这棵大树的主干、分枝、树杈、花朵、果实各种要素连接在一起的，正是"目标"。如果没有建立起各种要素之间的这种目标联系，那么到收获的时候，人们面对的将是一堆堆凌乱的果实，不仅无法辨知哪些果实是由哪个分枝上结出的果实，甚至连这些果实是不是这棵大树上结出的都无从辨知。这时，如果"拍脑袋"式地得出评估结论，自然会受到各种质疑，难以令人信服。

7.3 基于PPPR模型的评估框架

基于PPPR模型，我们可以从相关性、效率、效果3个角度对科技规划的编制制定、执行过程、实施效果进行评估，全面覆盖科技规划的完整生命周期。

相关性（relevance），即判断科技规划"是否在做正确的事"（OECD，2019），重点评估的内容包括：科技规划制定的目标内容是否准确地反映了经济社会发展的需求并且能够有力支撑经济社会发展需求；规划目标任务对上一层级规划（如综合性国民经济发展规划）的哪些具体目标具有支撑作用，与同级其他相关规划或政策的目标任务是否衔接协调，是否存在冲突或脱节的地方；科技规划目标是否符合SMART原则等要求，规划目标分解是否科学、完整；在规划实施一段时间之后，形势是否产生了变化，原定规划目标是否仍然符合实际情况，是否需要调整等。

效率（efficiency），即评估科技规划的执行情况如何。评估重点包括：各类科技计划是否围绕规划目标及时设立了相关科技项目，经费预算等投入是否充足；各部门、地方是否围绕规划目标及时制定了相关科技政策，出台了科学有力的措施；这些计划项目和政策措施是否有力支撑了规划目标的实现；规划制定的目标是否都得到了计划项目和政策措施的支撑，是否存在未得到支撑或者支撑薄弱的目标，是否存在目标支撑落实不均衡的现象；计划项目之间、政策措施之间、计划项目与政策措施之间是否实现了统筹衔接，是否存在互相冲突、重复或脱节的地方等。

在以往的规划评估中，由于规划、计划/政策、项目/措施之间并没有建立起令人信服的逻辑关系，因此各规划执行主体往往在自评估报告中“浑水摸鱼”，胡子眉毛一把抓地把几乎所有的计划/政策、项目/措施都一股脑儿地作为落实规划的“工作量”写进自评估报告之中，反而使规划主管部门和评估人员搞不清楚到底哪些计划/政策、项目/措施真正才是规划实施的产物。不仅显著增加了评估负担，也影响了评估工作的效率和评估结论的准确性。

引入目标管理机制后，可以使评估监管的“关口”前移——目标管理机制要求项目在发布指南时、预算支出在申请时，或政策文件在出台时，就应“前置”明确说明对哪些具体规划目标做出贡献。在评估时，只需邀请业内专家对申请指南、预算书、政策起草说明中的目标支撑关系的真实性进行审核即可。这样一来，对规划执行效率的评估监管不仅效率更高，而且结果更为可信。规划主管部门很容易也很迅速就能知道某个规划目标已经有多少个计划项目、政策措施予以支撑，以及支撑力度如何等。同时也有利于规划主管部门对支撑落实不力的目标领域加大监管和督导力度，对“扎堆”落实甚至无序竞争的热门目标领域进行统筹协调，及时优化调整科技规划的组织实施。

如果在规划实施过程中，假设规划中的第 t 个目标由 m 个计划中的 x 个项目，n 个政策中的 y 个措施支撑落实，那么该目标 t 获得支撑落实的力度 $F_t(x, y)$可以用公式表达为：

$$F_t(x, y)=\alpha_1 P_{11}+\alpha_2 P_{12} \cdots+\alpha_x P_{1x}+\beta_1 P_{21}+\beta_2 P_{22} \cdots+\beta_y P_{2y}+K$$
$$=\sum\nolimits_{i=1}^{x} \alpha_i P_{1i}+\sum\nolimits_{j=1}^{y} \beta_j P_{2j}+K$$

其中，P_{1i} 是支撑落实目标 t 的科技计划中的第 i 个项目（$1 \leqslant i \leqslant x$），$\alpha_i$ 指第 i 个项目对目标 t 实现的支撑力度系数；P_{2j} 是支撑落实目标 t 的科技政策中的第 j 个措施（$1 \leqslant j \leqslant y$），$\beta_j$ 指第 j 个举措对目标 t 实现的支撑力度系数；常量 K 指除了科技计划项目、科技政策举措之外，对目标 t 实现做出贡献的其他因素，如科技管理部门的日常工作、科研机构的日常运作（operation）等。进一步通过量纲处理，还可以实现对规划目标执行落实情况的数字化动态实时汇总监测。通过对各个规划目标的支撑落实情况的定量化分析，哪些规划目标获得了有力的支撑落实，哪些目标没有得到有力的支撑落实甚至根本没有得到落实，便可一目了然。

效果（effectiveness），即判断规划预定的目标是否实现，评估规划实施是否按照预期产生了成效和影响。在规划实施的监测中，上述科技计划/政策、项目/措施对规划目标的支撑贡献关系及其支撑力度〔即 $F_t(x,y)$〕是科技管理和评估人员、同行专家等基于以往的实施经验和主观判断形成的预判，而这些科技计划/政策、项目/措施是否按照原先的设想顺利地组织实施，是否产生了实实在在的效果和影响，进而支撑相应的规划目标顺利实现，需要开展严格的评估。而且只有在开展科技计划/政策、项目/措施评估并形成评估结论的基础之上，才能再进一步地汇总形成科技规划整体实施效果的评估结论。

科技规划实施效果评估的重点包括目前规划评估中常用的“一致性”标准，即将规划实施的结果与当初制定的规划目标进行比对，如一致则说明目标顺利完成。除了一致性外，评估科技规划的实施效果还应重点关注取得的重大标志性成果、科技创新能力的提升作用、科技创新环境的改善情况，以及科技支撑经济社会发展的情况等。

由此，基于 PPPR 模型，围绕相关性、效率、效果 3 个维度便能构建起一个科技规划的通用评估框架①，如表 7.1 所示。

---

① 该评估框架是一个供评估人员开展科技规划评估时参考使用的通用框架。评估人员在评估具体科技规划时，可以根据实际情况对评估指标等进行取舍和改造，包括增加个性化的评估指标等。

表7.1　基于PPPR模型的科技规划评估框架

一级指标	二级指标	关键问题	证据来源	适用评估类型
相关性（relevance）	1. 经济社会需求相关性	规划内容是否准确、有效地应对了经济社会发展需求？	案卷研究、专家咨询、座谈调研	事前评估
	2. 与其他规划政策的协调一致性	是否与上级规划目标一致？是否与同级其他规划政策相协调？	案卷研究、专家咨询	
	3. 目标内容科学性	规划目标是否符合SMART原则？规划确立的主要任务能否有效支撑规划目标的实现？	案卷研究、专家咨询	
	4. 形势变化适应性	面对新形势，规划目标任务是否需要调整？	专家咨询、座谈调研	事中评估
效率（efficiency）	5. 计划项目立项情况	各类科技计划是否及时设立了项目？资源投入是否充足？	自查报告、座谈调研	事中评估
	6. 政策制定情况	是否及时制定相关科技政策？政策措施是否有力？	自查报告、座谈调研	
	7. 规划目标支撑情况	各规划目标是否都得到了支撑？支撑力度如何？	自查报告、专家咨询、座谈调研	
	8. 项目政策协调情况	计划项目、政策举措彼此之间是否实现了协同？	案卷研究、专家咨询、座谈调研	
效果（effectiveness）	9. 规划目标实现情况	规划实施结果是否与规划目标一致？	案卷研究、专家咨询、座谈调研	事中评估 事后评估
	10. 科技创新能力提升情况	规划实施取得了哪些重大标志性成果？是否有力提升了科技创新能力？	案卷研究、专家咨询、座谈调研、问卷调查	
	11. 科技创新环境改善情况	规划实施是否优化改善了科技创新环境？	案卷研究、专家咨询、座谈调研、问卷调查	
	12. 支撑经济社会发展情况	规划实施是否有力支撑了经济社会发展？	案卷研究、专家咨询、座谈调研、问卷调查	

7.4 科技规划评估体系的构建

虽然科技规划的执行体系中包括了规划、计划/政策、项目三个不同的层级，但是从监测评估的管理视角来看，这三个层级都应该接受全过程的监测与评估。

一般而言，项目的实施周期相对较短，可以通过每年度的立项来调节规范（即小周期）；计划/政策、规划的实施周期相对较长，一般为3～5年甚至更长（即大周期）。另外，规划、计划/政策、项目三者的评估在评估目的、评估重点、评估指标等方面也不尽相同。但是，从实施的全生命周期来看，规划、计划/政策、项目三者又是统一的，都要经过“事前评估、事中评估，事后评估”的环节，即它们拥有着相同的实施逻辑和管理循环，如图7.3所示。

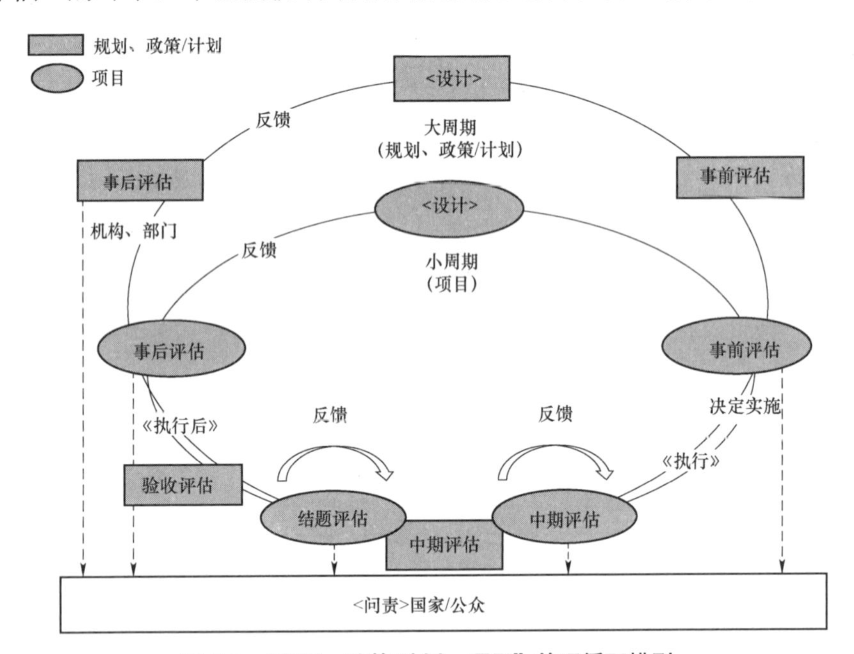

图7.3 “规划—政策/计划—项目”管理循环模型

（资料来源：Concept of Evaluation and Institutionalization of Evaluation System，Forum on Institutionalization of Evaluation System in Asia and Africa，2011，在其基础上有修改。）

关键是如何加强规划、计划/政策、项目三者的全生命周期管理循环和评估活动的耦合，形成分层实施、上下联动的监测评估体系。

如前所述，开展科技规划评估需要以科技计划/政策、项目/措施的评估为基础。而与科技规划目标相关的各类科技计划项目、科技政策举措常常数以万计，不可能在开展科技规划评估时逐一去进行评估。必须充分发挥各科技计划/政策主管部门、项目管理专业机构等各方力量，及时完成计划/政策、项目/措施层面的评估，并实现不同层级评估之间的信息共享和衔接，从而形成“分层实施、上下联动、统筹开展、系统高效”的科技评估体系。具体如图 7.4 所示。

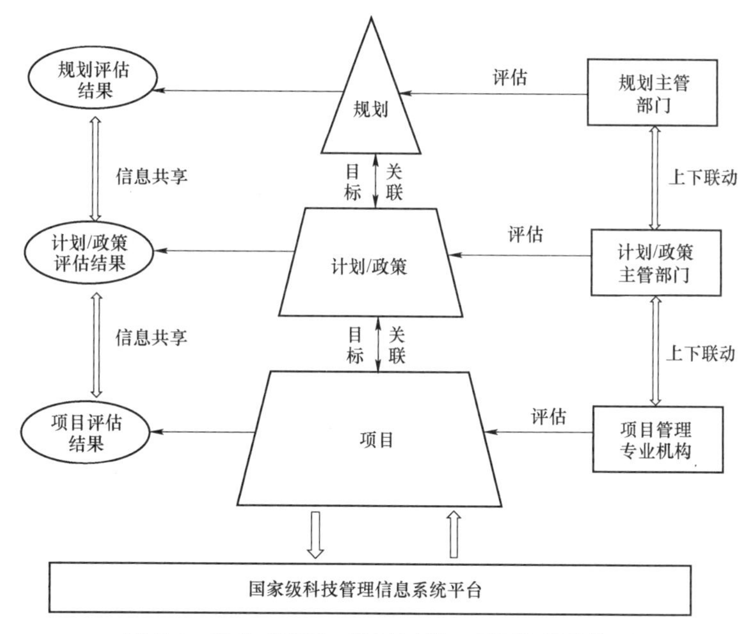

图 7.4　科技“规划—计划/政策—项目”评估体系

构建上述分层开展、系统高效的科技评估体系，必须以法律法规的制度建设为基础。部分国家在科技管理体系中，已注重强化了科技规划、科技计划/政策、科技项目不同层级评估的制度建设。

以日本为例，在科技项目评估层面，日本政府专门出台了《关于国家研究开发评估的大纲性指针》（简称《指针》）。该《指针》明确要求：在科研项目实施前，要对实现相关政策目标的有效性和可能性进行评估；在项目结束后，要对其当初设定目标的实现程度进行评估。日本各省厅根据该《指针》纷纷制定了本部门的评估指针，设立了专门的评估委员会，对本部门资助的科技项目进行评估。

在政策/计划评估层面，日本制定了《关于行政机关实施政策评价的法律》（简称《政策评价法》），以及《关于政策评价的基本方针》《关于政策评价实施的指针》等规范性文件，以指导规范各部门开展的政策评估活动。《政策评价法》规定，日本各行政机关要适时了解和把握本部门掌管负责的政策的实施效果，即已经实施或打算实施的政策产生的行政行为对国民生活及经济社会产生或预计产生的影响，从必要性、效率性、有效性，以及其他符合所评估政策特性的视角进行评估。《政策评价法》要求各行政机关长官在按照标准格式形成政策评估报告后，应及时向总务大臣报送，同时必须将评估报告全文和摘要向社会公开。

在科技规划评估层面，各类科技项目、科技计划/政策的评估无疑为日本《科技基本计划》的规划评估提供了坚实基础，亦即在开展《科技基本计划》规划层面的评估时无须再另起炉灶开展项目、计划/政策层面的评估，只需对按照法律和规范文件要求开展的项目评估、计划/政策评估的结果进行汇总即可。这样，既提高了规划评估的效率，避免了对科研人员和科研机构的过多干扰，也使得规划评估的证据更加充实，得出的评估结论更加科学、可信。

鉴于此，作者认为，我国应以法律法规等制度化形式建立科技规划的分层实施、上下联动的监测评估体系。首先，明确要求各部门必须针对本部门制定出台或负责的科技计划/政策、本部门资助的科技项目开展绩效评估，并按照统一的标准和格式提交绩效报告，同时向社会公开。在绩效评估报告中，需要重点说明对国家科技规划有关目标的完成情况或贡献。然后，在各部门绩效报告的基础上，科技规划主管部门开展再评估（meta－evaluation），在汇总、核实、凝练科技计划/政策、项目评估结果的基础上，形成对国家科技规划实施进展的动态总体把握。

此外，针对规划中的优先目标和重点关键任务，可以建立相应的年度分解目标、各部门分解目标，并明确制定季度目标（季度里程碑），以加强监测评估的力度和频次，及时根据优先重点目标任务的最新进展情况对有关事项进行调整，不断督促和完善优先重点目标任务的组织实施与推进。

7.5 科技规划全生命周期的 PDCA 模型

PPPR 模型的构建，不仅使科学开展科技规划实施过程的评估成为可能，而且使得评估结果的科学性和实用性大幅提升，能够有力促进评估结果的使用。而只有评估结果得到使用，开展评估活动才有意义。更重要的是，评估结果的科学使用使得构建科技规划真正意义上的全生命周期的 PDCA 模型成为可能。

从国外实践来看，评估结果的使用普遍受到高度重视。例如，根据美国《绩效现代法案》（GPRAMA）的规定，总统预算管理办公室如认定某联邦机构未实现上个财年的绩效目标，该机构的负责人则需要向预算管理办公室提交“绩效改进计划”，针对每个未实现的绩效目标的相关项目，明确可测量、可考核的里程碑，以强化项目的实施效果。如果连续 2 个财年未实现绩效目标，那么该机构的负责人需要向国会提交“行动计划”，包括本机构提议采取的法律变更措施或计划开展的行动，以改进提升绩效。如果连续 3 个财年未实现绩效目标，那么预算管理办公室主任须在 60 天内向国会提出建议，对未实现绩效目标的每个项目或活动进行重新授权，或者削减，甚至终止预算。

因此，对于规划评估结果的使用，需要从法律、规章等制度层面提出明确的硬性要求；另外，还应尽量确保评估结果提出的时间节点和财政预算编制进度的顺利衔接，使评估结果能够及时成为预算调整的有力依据，从而发挥评估的资源配置“指挥棒”作用。有效开展规划实施评估并确保评估结果的使用，其实遵循了质量管理领域广泛使用的 PDCA 循环管理思想。PDCA 循环（又称戴明环[①]）由计划（plan）、执行（do）、检查（check）、处理（act）4 个环节构成，是全面质量管理的思想基础和方法依据，在质量管理领域获得了广泛应用。

在科技政策和科技规划领域，日本已经引入了 PDCA 循环思想。日本第

---

① PDCA 循环是美国质量管理专家休哈特博士首先提出的，由戴明博士采纳、宣传并获得普及，所以又称“戴明环”。全面质量管理的思想基础和方法依据便是 PDCA 循环。

4 期《科技基本计划》明确提出要"建立科技创新政策的 PDCA 循环"，即"在明确设定政策举措的目标、实施体制等基础上，在大力推进的同时，适时开展评估，根据实际执行绩效对政策进行修订、对资源进行分配、对新的政策进行酝酿"；对于《科技基本计划》本身，也要求对第 4 期《科技基本计划》的执行推进情况适时开展评估，并将评估结果运用到第 4 期《科技基本计划》修订以及新政策的制订之中。事实上，如前所述，日本政府对历次制定的《科技基本计划》均开展了评估调查，并根据评估调查结果进行了动态调整，即实现了 PDCA 循环。

作者认为，基于目标管理的科技规划更适宜引入 PDCA 循环管理思想。在以往的规划管理中，规划执行的"黑箱"以及评估的归因难题使得 PDCA 各个环节相互割裂，难以实质性地建立管理循环的闭环。引入目标管理机制后，科技规划的计划（plan）、执行（do）、检查（check）、处理（act）4 个环节都能够围绕目标这一主线开展。而且基于目标管理建立的"规划—计划/政策—项目"PPP 逻辑链接，能够使规划执行过程的监测评估结果更加科学、准确和可信，对规划实施的反馈修正也相应地更加精准，有助于规划目标及时动态调整，与时俱进地不断更新。换言之，在引入目标管理之后，原本在科技规划组织实施过程中相互割裂的 P、D、C、A 各个环节，得以通过目标管理建立实质性的相互关联，进而形成覆盖科技规划全生命周期管理循环的闭环，如图 7.5 所示。

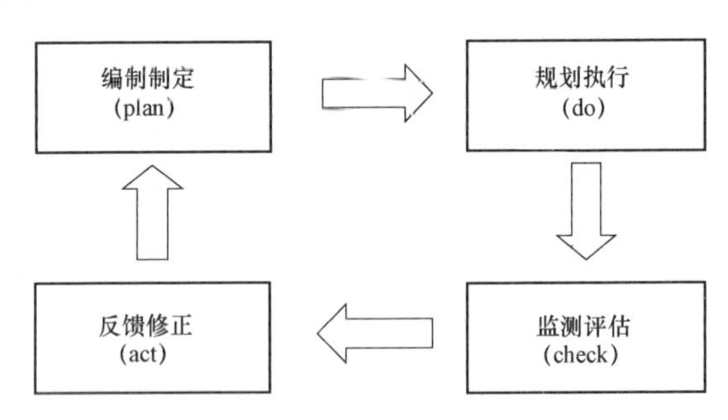

图 7.5　科技规划 PDCA 全生命周期管理循环

通过建立科技规划的 PDCA 循环，有助于实现科技规划的目标管理和质量管理。在这种"双重"管理模式下，科技规划既能在本实施周期内实现内部的管理循环，不断进行内部优化完善，也能与上一期规划、下一期规划实现不同期次科技规划之间的循环往复，实现持续不断的动态优化调整。既有助于确保科技规划实施的长期稳定和顺利衔接，也有利于提升科技规划的编制质量和实施效果水平，如图 7.6 所示。

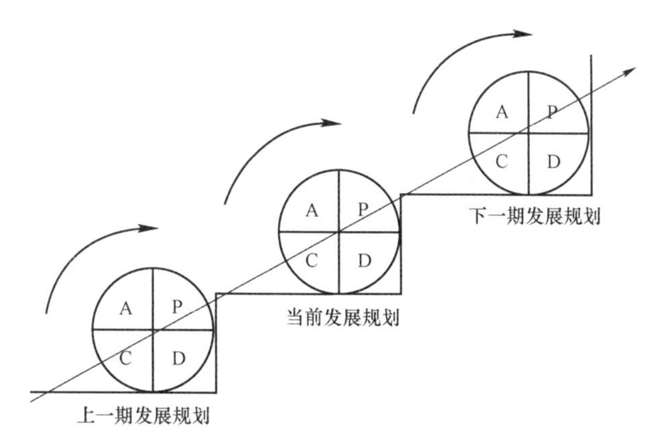

图 7.6　不同期次规划实施的 PDCA“双重”循环过程

7.6　科技规划实施评估的保障机制

开展科技规划的实施评估，还需要建立以下方面的保障机制。

（1）制度化的监测评估机制

考虑到科技规划实施的长周期性，对规划的实施情况进行定期监测是不可或缺的。日本《科技基本计划》采取的是“年度监测（评估）+中期评估”的模式；美国的《政府绩效现代法案》强调各部门机构的年度绩效报告，建立了基于年度绩效报告的“自评估+外部评估”的模式，针对联邦政府规划的优先目标，还要开展机构优先目标、联邦政府年度绩效目标的“季度检测”。

根据这些实践经验，作者认为“年度监测+中期评估”制度是较为适合规划评估的一种模式，主要原因包括：一是能抓住“承上启下”的中期关键节点，对前半阶段的规划实施情况进行总结，对后半阶段的规划实施情况进行预测和优化调整。如日本的《科技基本计划》就只重点开展中期评估（在年度监测的基础上）。二是综合考虑时间、经费和行政成本。相比于监测，评估是一项“费时、费力、费钱”的活动，开展年度的综合性评估不仅时间上较为仓促，而且会给各级行政机构、项目承担单位等带来较大的工作压力。

中期评估与年度监测的性质定位应有所区别：监测一般关注目标、任务的实施进展情况，多体现在指标数据的采集上，是客观状态的描述与记录，不突破既有的规划框架，为开展相关评估积累数据，提供基础。而中期评估不仅是客观事实的记录，还要对其进行价值判断和综合分析，形成明确的评估意见，对一些关键问题进行回答：目标进展是否顺利？能否如期实现？原定的目标任务是否合理？根据形势发展变化目标任务、实施路线与方式是否应进行调整？规划中期评估还可以设置若干专题评估，以深入了解某一方面的实施进展，查找存在的薄弱环节和问题，并深入分析原因，提出解决问题的措施建议。

当然，如果在监测过程中发现了一些重大的问题线索，或者经济社会发展形势发生了重大急剧变化（如2008年爆发的金融危机），也可及时开展相关专题评估，针对某一方面的问题深入开展评估分析，并根据评估结果对规划的组织实施及时进行动态调整。

（2）科技规划监测评估体系的保障

如前所述，构建“分层实施、上下联动、统筹开展、系统高效”的科技评估体系，是科学开展科技规划评估的前提与基础。然而构建这一评估体系需要以下几个方面的支撑保障。

一是制度建设。即以法律法规等文件形式，明确科技规划、科技计划/政策、科技项目的评估时间节点、组织方式、评估内容、结果使用、信息公开等方面的要求，解决当前科技评估工作中存在的开展随意性较大、评估工作重复开展、评估数据信息不公开和共享等问题。

二是规范标准建设。要想实现“规划—计划/政策—项目”三个层面监测评估活动的统筹协调和监测评估结果的共享利用，就必须建立相应的规范标准，对评估步骤、评估内容、评估质量控制、评估报告格式、评估结论等进行统一规范要求，从而实现不同层级监测评估数据信息的有机衔接，实现不同层级监测评估结果的集成与共享。

三是信息系统建设。信息化技术为构建科技规划监测评估体系提供了便利手段，应在科技规划评估制度建设和规范标准化建设的基础上加强信息化建设。可依托国家科技管理信息系统等平台，对规划、计划/政策、项目各层级的监测评估数据的格式等提出统一规范要求，实现监测评估数据信息的可归集、可统计、可查询，并实现与立项等过程管理数据的衔接共享，通过“让数据多跑腿”，尽可能地减少科研人员和管理人员的评估负担。

（3）财政预算等资源的约束机制

如果监测评估的结果得不到运用，那么就失去了开展监测评估的意义。科技规划监测评估的结果必须与预算等资源的配置挂钩，才能更有效地发挥出监测评估的作用。

在实践中，日本、美国、欧盟都将财政预算等资源作为调节手段，促进规划目标任务的顺利实现。日本综合科学技术创新会议通过各年度的《科学技术重要施策行动计划》统筹各部门的科技预算，提出预算等资源分配基本方针，同时通过自主管理的“战略性创新创造计划”（SIP）直接针对《科技基本计划》中的规划目标任务配置预算资源。美国 OMB 每年会对各个联邦机构的绩效表现进行检查，并将未实现的绩效目标提交给参议院、众议院相关委员会，由国会根据各部门绩效表现确定其下一财年预算，同时针对连续 3 个财年未实现绩效目标的项目支出，OMB 主任需要在 60 天内向国会提出包括削减甚至终止预算在内的建议措施。欧盟则主要通过“欧洲学期”建立预算调节机制，每年下半年，欧盟各成员国将在采纳欧盟战略指导意见和欧盟委员会提出的国别建议基础上，最终确定本国的国家改革计划、稳定和趋同计划的预算。

将目标任务的实现程度与预算等资源挂钩，建立“奖优罚劣”的激励与约束机制，有利于调动各类规划执行主体的积极性，促进创新资源向优质部门和优势单位集聚，能够助推各项规划目标的高效执行和顺利实现。

（4）信息公开机制

不只是科技规划的目标及其细化内容要向社会公开，对规划目标实施进展的监测评估信息也要向社会公开。

许多规划评估属于自评估或内部评估性质，因此更需要强调规划评估信息的公开。从国外的实践经验来看亦是如此。如日本《科技基本计划》开展的历次中期评估均由其制定和实施者——综合科学技术创新会议组织开展并以其名义出具评估报告，评估报告向社会公开；《里斯本战略》的总结评估亦由该战略的组织实施者——欧盟委员会组织开展并出具评估报告，评估报告也向社会公开。

科技规划监测评估结果的公开，既能满足社会公众的知情权，拓展公众参与规划实施的渠道与途径，也有利于包括科技界在内的社会各界对规划目标任务的实施进展与绩效结果进行监督。当然，在有关目标信息较为敏感或涉及国家安全等情形下，也可申请不予公开或者通过其他方式公开。

7.7 本章小结

本章通过对规划评估有关理论的梳理，在第 6 章构建的 PPP 逻辑链接的基础之上，进一步建立了科技规划实施监测评估的 PPPR 模型，并围绕该模型，从相关性、效率、效果 3 个维度设计了覆盖科技规划全生命周期的监测评估框架。继基于目标管理的“PPP 逻辑链接”解开规划实施过程中的“黑箱”问题之后，PPPR 模型又创新性地从理论上和逻辑上为破解规划实施成效的“归因”问题开辟了新的路径。并在此基础上，对构建分层实施、系统高效的科技“规划—计划/政策—项目”评估体系进行了分析；引入质量管理领域的理论经验，构建了科技规划的 PDCA 全生命周期循环模型。

同时，针对基于目标管理的科技规划实施评估机制顺利运行所需的相关保障机制，也进行了梳理和分析。

第 8 章　主要结论、政策建议与展望

8.1　主要结论与创新点

本论著主要针对国内外发展规划的有关历史实践开展研究，以期将目标管理理论引入我国科技规划的制定与组织实施之中。经过分析梳理，可以得出以下结论：

① 虽然新中国建设初期制定的《十二年科技规划》在“计划”模式下取得了巨大成功，但其成功模式在当下已难以复制；而“十一五”以来的规划实践虽然在组织实施机制方面进行了探索和积累，但仍存在着不容忽视的突出问题。本论著通过对我国科技规划历史实践及现状的梳理，以及对目标管理理论特点的分析，论证了在科技规划领域引入目标管理的必要性，亦即回答了开篇提出的第一个问题——是否需要在科技规划的制定与组织实施中引入目标管理的问题。

② 本论著通过对日本 5 期《科技基本计划》中的目标管理机制、美国政府绩效管理从 GPRA 到 GPRAMA 的目标管理机制、欧盟两份十年战略规划的目标管理机制的系统分析，以丰富翔实的史料和有关实际案例，论证了目标管理在科技规划领域的适用性，亦即回答了开篇提出的第二个问题——目标管理理论方法能否适用于科技规划的制定与组织实施之中的问题。

③ 本论著通过借鉴日本、美国、欧盟规划历史实践中的有关目标管理具体做法，提炼了“目标细分型”和“问题解决型”两种目标管理模式，构建了基于目标管理的“PPP 逻辑链接”，并在此基础上提出了科技规划实施评估的 PPPR 模型及其评估框架，亦即回答了开篇提出的第三个问题——目

标管理理论如何应用于科技规划的制定与组织实施之中，具体使用什么模式方法的问题。

④ 引入目标管理机制，通过“目标细分型”和“问题解决型”两种模式建立 PPP 逻辑链接，并在此基础上构建 PPPR 评估模型，能够破解规划实施过程中的“黑箱”问题，进而部分解决长期以来困扰规划评估的“归因”瓶颈问题。这不仅有助于提高规划的实施效率，还使得科学地开展规划实施的监测评估成为可能，进而得以构建科技规划全生命周期的 PDCA 模型，从而形成良性循环，不断提升不同期次规划实施效果，亦即回答了开篇提出的第四个问题——目标管理这种新机制与以往的机制相比，有哪些创新，在解决当前科技规划制定与实施过程中出现的各种深层次问题上有何优势和特点。

本著作的创新之处，主要体现在以下几点：

一是从目标管理的视角，首次对日本连续 5 期《科技基本计划》的目标管理机制的历史演进，美国政府预算绩效目标管理机制的历史演进，欧盟从《里斯本战略》到《欧洲 2020 战略》目标管理机制的历史演进做了系统梳理。通过这些史实与案例，论证了目标管理理论在科技规划制定与组织实施之中的适用性。

二是在借鉴国外发展规划成功实践经验的基础上，结合我国国情，提出了“目标细分型”和“问题导向型”两种目标管理模式，以及基于目标管理的“规划—计划/政策—项目/措施”（PPP）逻辑链接。

三是在 PPP 逻辑链接基础上，构建了科技规划实施评估的 PPPR 模型及其评估框架，显著增强了科技规划实施过程的可监测性、实施效果的可评估性和可改进性，并据此构建了科技规划 PDCA 全生命周期模型。

四是通过科技规划目标执行体系的建立，基于目标管理的 PPP 逻辑链路的贯通以及 PPPR 模型的构建，提供了从理论上破解长期以来制约发展规划实施评估“归因”难题的一条可能路径，并使科学开展规划实施监测评估成为可能。

五是全面、系统、深入地将目标管理理念引入科技规划的管理之中，并总结了在科技规划制定与组织实施中引入目标管理所需的配套保障机制，有利于促进科技规划目标任务“自上而下”地贯彻落实，为提升我国科技规划的实施效率和效果提供了理论支撑。

8.2　有关政策建议

借鉴国外规划实践经验，结合当前我国科技规划在编制、实施、评估等方面存在的问题和现实需求，围绕加强和改进我国科技规划的目标管理，本论著提出以下政策建议。

（1）进一步提高科技规划目标的编制质量水平

首先，在目标内容上，应参照 SMART 原则科学制定科技规划的目标内容。如果规划目标过于宏观、抽象，可借鉴日本的经验，将规划目标进行逐层分解，使之不断地细化和具体化。同时，注重目标的可考核性，避免出现部分目标指标“无法测算”的现象。

其次，要确立规划目标的执行体系。在制定规划目标后，不能“撒手不管”，还需要在文本层面明确规划目标的执行体系。如日本第 3 期《科技基本计划》从 8 个重点领域凝练了 273 个“重要研发课题”来落实各项规划目标，第 4 期、第 5 期《科技基本计划》则通过若干“重要政策问题”的解决来支撑实现各项规划目标。《欧洲 2020 战略》则通过设立七大旗舰计划，支撑实现每一个“头条目标”。这种做法，从顶层设计上强化了规划目标的执行机制，能够有力推动规划目标任务的顺利落实。

最后，还要明确各项规划目标任务的责任归属。可参考美国政府绩效目标管理模式，设置类似的“目标负责人”和“绩效改进委员会”等高层专职人员和机构，以加强对创新资源的统筹协调和目标实现进度的督导，进一步提高规划目标的落实效率以及规划实施的效果。

（2）以“问题导向”实现科学技术与创新政策的一体化设计

科学技术与创新的“一体化”不仅是当今世界的潮流趋势，也是深入实施创新驱动发展战略的内在要求。以重点领域为对象、以单项关键技术攻关突破为导向的规划制定模式确已过时。目前，我国五年科技规划的制定，仍然属于以构建领域单项技术体系为导向的模式，总体处于日本第 2 期《科技基本计划》的编制水平（在目标管理的精细化程度上仍未达到第 3 期《科技基本计划》的水平），距离日本第 4 期、第 5 期《科技基本计划》的“问题解决型”目标管理模式和“全国战略总动员”的强力做法，仍有不小差距。

“十三五”期间，我国的国家五年科技规划在名称中增加了“创新”二字，名称改为“科技创新规划”，强调将“科技创新”作为一个整体进行顶层设计。但是，考察《“十三五”国家科技创新规划》的内容，仍然是按照重大项目实施，建立国际竞争力、民生改善、国家安全等不同领域方面的技术体系的思路编制，并通过专栏的形式列举了不同领域方面的重要研发方向、重点任务内容；对于科研成果如何在经济社会实际推广运用，科技以外的其他部门和社会系统应采取哪些配套政策措施，以及各部门的责任归属等，都没有在规划体系中进行设计。换言之，规划的编制思路仍然囿于旧有的模式，并没有充分地体现出“创新”的规律和要求，亦未制定有力措施以实现创新链与政策链、产业链等社会系统之间的协同互动。

作者认为，在未来科技规划的编制中，应在规划编制的思路上实现重大创新，可以吸收借鉴日本第 4 期、第 5 期《科技基本计划》的制定模式，首先瞄准战略规划目标的实现，凝练经济社会发展中的重大关键问题；然后以“问题解决”为导向，确定相应的科研攻关方向和重点政策措施。即在规划制定时便实现“科学技术与创新政策”的“一体化设计”，在顶层设计上促成创新链、产业链、政策链等的“多链融合”，以进一步反映和体现“创新”的特征规律和政策要求，使科技创新规划实至名归。

（3）建立基于目标管理的“规划—计划/政策—项目”逻辑链接

如果在制定时，国家总体科技规划与专项科技规划之间目标脱节，在实施中规划目标又与科技计划/政策、科技项目脱节，那么规划的真正执行落实情况将无从知晓，规划的实施也难以开展科学的监测评估。也正因为如此，美国才通过法律手段（《政府绩效现代法案》），要求各联邦机构在制定本部门战略规划目标时，明确说明对实现中央层面战略规划目标（联邦政府优先目标）的贡献关系，在年度项目立项、预算申请时要说明项目支出对机构战略规划目标、联邦政府优先目标的贡献，进而构建覆盖“中央/部门规划—计划—项目”3 个不同层级的绩效目标体系。

我国可以参考美国政府绩效管理的做法，以刚性的、明确的制度规定，要求在国家综合性总体发展规划与各部门规划/专项发展规划之间，在发展规划与各类计划/政策、年度项目支出之间，建立起相互逻辑关联的目标贡献关系。

关键是要在每年的财政预算申请时，明确要求各部门在每年的预算项目支出目标中说明对本部门规划/年度计划中哪些具体目标产生贡献，各部门的规划/年度计划目标需要说明对国家总体发展规划/年度计划中哪些具体目标产生贡献，并在本部门的网站上予以公示，接受公众监督。这样，一方面有利于夯实目前发展规划实施的薄弱环节，打破规划实施的“黑箱”；另一方面，也有利于对各部门出台的公共干预措施等进行追根溯源，根据其与规划/计划目标的相关性，判断其立项和预算要求的合理性，同时也为规划、计划实施的绩效监测评估提供前提条件。

（4）加强规划实施的统筹协调

如前所述，高层领导对目标管理的深度参与，是确保目标管理运行成功的关键性因素。实践中，日本《科技基本计划》从制定、实施到监测评估，均由首相作为议长的综合科学技术创新会议具体负责，而非文部科学省；美国政府绩效管理的统筹协调部门是总统预算管理办公室，而非财政部；《欧洲 2020 战略》组织实施的统筹协调机构则是欧盟的常设执行机构——欧盟委员会。

鉴于此，我国可以参考日本、美国、欧盟的做法，在各部门之上的中央层面，建立一个高级别的、专门负责科技规划制定、组织实施与监测评估的常设机构，可依托目前已有的国家科技领导小组[①]，通过建立类似日本综合科学技术创新会议的常态化、制度化的运行机制，围绕科技规划中“重要问题”的解决，充分发挥统筹协调作用。

科技规划的高层统筹协调机构，还应该建立完善科技规划实施的监测评估体系，加强科技规划评估体系制度文件、标准规范、信息系统等方面的建设。

① 2018 年 8 月国务院将原国家科技教育领导小组调整为国家科技领导小组，负责研究、审议国家科技发展战略、规划及重大政策，讨论、审议重大科技任务和重大项目，协调部门之间及部门与地方之间涉及科技的重大事项。

（5）建立基于目标管理的制度化监测评估机制

在建立基于目标管理的PPP逻辑链接的前提基础上，建立覆盖“事前—事中—事后”全流程的评估制度。具体包括：

在规划发布前，开展前评估，主要针对目标设定的相关性、科学性、可考核性等进行评估，避免出现模糊性和因果性方面的缺陷与不足，确保规划目标的编制质量。

在规划执行阶段，建立“年度监测+中期评估”实施模式（针对一些重点的优先目标/指标，还应当建立季度监测机制），并根据动态监测结果，优化调整目标内容，以及资金、政策和权力等配置，推进重点目标任务的顺利实现。

规划的总结评估属于事后评估性质，根据情况可适当规模地开展。规划总结评估主要是为下一期发展规划的制定提供决策参考，但一般而言重要性和意义不如中期评估，毕竟秋后算账式的考核问责并不是制定发展规划的目的和本意（如何确保规划目标顺利实现才是）。不过通过规划总结评估，总结本期规划实施的经验教训，通过“奖优罚劣”调动各方面执行落实规划的积极性，能够为下一期规划的组织实施发挥重要的促进作用。

基于目标管理的科技规划“事前—事中—事后”全流程监测评估如图8.1所示。

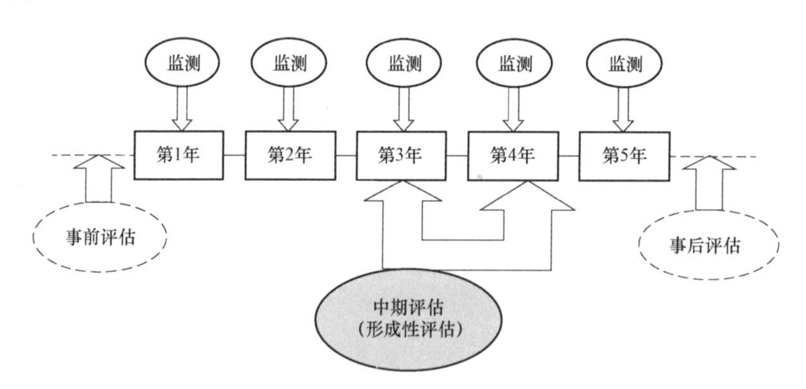

图8.1　规划评估的“年度监测+中期评估”实施模式（以五年规划为例）

（6）建立规划的年度执行计划

由于科技规划的实施周期较长，而且全球形势与科技创新的发展日新月异，因此有必要每年根据最新形势变化制订落实规划的年度执行计划。我国1956年制定的《十二年科技规划》、日本第5期《科技基本计划》、美国政府绩效管理、《欧洲2020战略》等均采取了这种模式。

规划年度执行计划的内容应聚焦规划的目标内容，对照科技规划的内容结构与体例，根据每年度的最新经济社会形势变化科学编制，其中应明确落实规划战略目标任务的年度目标及相应的责任归属。如果把开展日常业务工作的年度工作计划等同于落实规划的年度计划，即“以业务代规划”，那么规划的指导作用和地位将大大削弱，甚至存在被架空的风险。

（7）坚持信息公开透明

可借鉴美国政府的做法，建立专门的绩效网站，集中发布各级各类政府绩效信息并定期更新。不仅国家总体发展规划的目标，各部门的专项规划、计划/政策、项目的目标也要公开，并且需要具体说明对上一级目标的具体贡献。每个目标的责任机构和责任人、规划实施的年度监测与中期评估报告、重点目标/指标的季度监测结果等也都应在网站上公开发布，以利于社会公众对各类绩效目标的完成情况进行监督。

8.3 未来展望

党中央提出了“推进国家治理体系和治理能力现代化”的总体目标要求。实践证明，发展规划是社会主义市场经济条件下正确处理政府和市场关系的重要制度载体，科学编制和实施发展规划已经成为我们党治国理政的一个重要方式，是中国特色社会主义发展的重要体现，是国家治理体系和治理能力的重要一环（杨伟民等，2019）。在科技规划的编制与组织实施中科学引入目标管理机制，提升科技规划编制与组织实施管理的精细化水平，既是推进国家科技治理体系和治理能力现代化的题中应有之义，也是落实习近平总书记“抓战略、抓规划、抓政策、抓服务”指示精神的一项重要举措。而且“全国一盘棋”“集中力量办大事”的社会主义制度优势，以及创新驱动发展战略的深入实施等，也为我们在科技规划的编制与组织实施中开展目标管理提供了有利条件和坚实基础。

必须承认的是，在人类社会发展的历史长河中，本论著所研究的发展规划目标管理机制的演进历史仅是“沧海一粟”。更何况，虽然目前国外发展规划的目标管理机制已经相对成熟，但远未定型——在实施过程中还存在着这样或那样的问题，可以说仍然处在不断的演化、发展之中。当前，日本正在抓紧制定第6期《科技基本计划》，美国政府问责局（GAO）仍在对《绩效现代法案》（GPRAMA）的实施情况定期开展评估，欧盟即将开启下一个十年的战略发展规划。未来，发展规划的目标管理仍将伴随着人类历史长河的流淌而不断地丰富发展、探索实践和优化完善。

另一方面，任何工具都不是万能的，目标管理也一样。引入目标管理机制并不能保证科技规划一定就能成功实施，虽然它能够通过相关机制设计，大幅度提高科技规划实施成功的可能性（或概率），提升科技规划实施的效率。开展科技规划的目标管理，也并不意味着要排斥其他理论在科技规划管理之中的应用。未来，目标管理理论可能还需要与其他理论（如系统论、激励理论等）复合使用，互相取长补短，共同促进科技规划的高效组织实施与管理。

路漫漫其修远兮，吾将上下而求索。从“计划”指令模式向“规划”引导模式的转变是一个范式转型的过程。而一个新范式的确立并不是一蹴而就的。日本、美国、欧盟在发展规划目标管理上的历史实践都曾经历过曲折，甚至有过失败的教训。然而，正是这些曲折和教训使得它们的规划目标管理机制变得愈发成熟。

当前，2006年颁布实施的《中长期科技规划纲要》刚刚执行结束，新一轮中长期科技发展规划纲要（以及“十四五”科技创新规划）发布在即。对于国内而言，如何契合我国国情，在科技规划的编制与组织实施中引入目标管理机制，开展大规模的实践检验；如何通过科技规划的目标管理，对私营部门（如华为等大型民营企业）进行创新支撑和引导；如何通过目标管理机制处理好政府的“有形之手”与市场的“无形之手”之间的关系，构建社会主义市场经济条件下科技发展与关键核心技术攻关新型举国体制；如何在实现规划战略目标的同时，守住科技伦理等风险底线，推进负责任创新等众多议题，仍然需要未来持续深入开展研究，不断地探索实践、深耕力行，直至寻找到最终答案。

附 录

附录1 日本《科学技术创新综合战略2016》内容节选

第2章 经济社会问题的应对

为实现第5期《科技基本计划》提出的“可持续增长与区域社会的自律性发展”“确保国家国民安心、安全与实现丰富的高品质生活”“全球规模问题的应对与对世界发展的贡献”3个应瞄准实现的国家战略目标，将着手通过科学技术与创新的总动员，从战略上解决这些问题。

（1）可持续增长与区域社会的自律性发展

I 确保能源、资源、食物的稳定

i）能源价值链的优化

（略）

ii）智慧食物链系统

［A］基本认识

日本农林水产业创造的国内生产总值约为5万亿日元，加上相关的加工、流通、外卖等食品产业，约为43万亿日元，是占日本国内生产总值约1/10的巨大市场（2013年）。

近年，从农林水产业到食品产业，消费者的食材与食品供给结构（食物链）的厚度在增加。由于消费者的需求与购买意识的多样化、物流系统的高效化，食材与食品的品质概念（定时、定量、定品质）一直在扩张。为将之转化为商机，在农林水产业的现场一线，响应新品质概念采取高附加值化措施，强化营销力度以及信息传递的结构，正成为当务之急。

而且，未来跨太平洋伙伴关系协定（TPP）的同意签署对农林水产业的影响也令人担忧，因此通过创新提升高附加值、生产率，强化国际竞争能力，已成为一个紧迫的问题。

为应对上述问题，通过充分利用目前导入尚不充分的信息通信技术（ICT），超越产业边界传递国内外多样化的需求等信息，构建与之相匹配的生产体制，并进一步向商品开发与技术开发（育种、生产栽培、加工技术、品质管理、保鲜等）反馈信息，实现从农林水产业到食品产业的信息互联互通，构建“智慧食物链系统”。

通过该系统的建立，可以提供需求导向的农林水产品和食品；利用此特长，通过商品的品牌化，就可能创造出价值。通过激发生产者的可能性和潜力，强化商业能力、提升服务品质，就可能培育形成高竞争力的可持续发展的农业经营体，将农林水产业变革为成长性产业，预期可为国内生产总值的增长做出贡献。

［B］应重点设置的课题

为实现该“智慧食物链系统”，使提供契合多样化需求的商品成为可能，在生产阶段，开展能够高效率进行高产等重要性状品种育种、口感好和富含有效成分新品种选育的组学分析技术和基因组编辑技术体系化开发。相应地，还要采取措施，实现能够定时、定量、定品种生产和供给上述品种的需求导向的生产系统的智慧化。在加工、流通阶段，为扩大出口和国内需求，开发长时间保鲜技术，以及应对国际品质管理标准，积极实现高附加值化。另外，作为建立价值链的前提基础，积极构建能够在生产、加工、流通、消费等各个阶段有效传递信息的平台。

而且，必须积极构建在育种、生产环节能够运用大数据分析等信息手段的先进研发系统；为扩大出口开展日本整体的海外市场分析，制定销售战略，打造品牌。

其中，采取的应对措施是，在“战略性创新创造计划”（SIP）中设立“下一代农林水产业创造技术”研究课题，为下一代育种开发，植物工场体系化栽培管理技术开发，以及下一代功能农林水产品、食品开发发挥先导作用，积极加以推进。

［C］应重点采取的措施

1）下一代育种系统（包括 SIP 计划及奥运科技专项项目⑨）[①]

【内阁府、文部科学省、农林水产省、经济产业省】

● 成为日本独有技术的 NBT（新植物培育技术）等下一代育种系统（包括 SIP 计划）

【内阁府、文部科学省、农林水产省、经济产业省】

● 基于对出口国需求的把握，建立对应可行的育种、育苗系统

【农林水产省】

● 国产花卉耐久性品种的培育和品质保持时间延长技术的开发（奥运科技专项项目⑨）

【农林水产省】

● 在部门合作前提下，开展确保遗传资源战略性的研讨

【文部科学省、农林水产省】

● 植物共生系的解析阐明等及其最大限度在育种方面的运用

【文部科学省】

（到 2020 年的成果目标）

● 满足加工、业务使用要求的品质与规格的蔬菜，高产水稻（单产 1.5 吨/10 a；2024 年年底目标），加工性能优秀的小麦等新品种的培育和推广普及

2）需求导向的生产系统（包括 SIP 计划）

【内阁府、文部科学省、农林水产省、经济产业省】

● 建立能够响应流通、外卖产业的定时、定量、定品质供给需求和消费者多样化需求的作物生产转换系统

【农林水产省、经济产业省】

● 下一代功能性成分等新功能、价值的开拓（包括 SIP 计划）

---

① 为发挥科技创新的力量，支撑原计划于 2020 年举办的东京奥运会，日本政府设立了“奥运科技专项”，共包括 9 个项目，涉及城市交通、氢能源系统、暴雨预警等，其中第 9 个项目称为“日本之花”项目。

【内阁府、文部科学省、农林水产省、经济产业省】

- 通过太阳光型植物工场等下一代设施园艺的导入，开发高附加值商品的生产、供给系统（包括 SIP 计划）

【内阁府、文部科学省、农林水产省、经济产业省】

- 强化充分利用农业与生物功能创造新价值以及生物技术等方面的研究开发

【农林水产省】

（到 2020 年的成果目标）

- 建立根据消费者需求变化能够迅速转换品目、品种的生产系统
- 充分利用生物功能生产有用物质的实用化

3）加工/流通系统（包括奥运科技专项项目⑨）

【内阁府、农林水产省】

- 着眼海外市场，研究开发能够应对出口时要求的要件（HACCP 等）的加工、流通技术（保鲜、品质管理）（包含奥运科技专项项目⑨）

【内阁府、农林水产省】

（到 2020 年的成果目标）

- 通过青果物、花卉的成熟保鲜技术和 HACCP 等安全、品质管理体制的构建，打造出日本的品牌，促进农林水产物的出口（目标：出口额 1 万亿日元）

4）向实际需求者、消费者传递有用信息的系统

【农林水产省】

- 建立为农林水产业、食品产业提供详细生产信息、实际需求者和消费者需求信息的共享平台

【农林水产省】

（到 2020 年的成果目标）

- 通过信息平台的高效利用，实现商品化和商业化

5）面向社会实际应用的主要措施（包含 SIP 计划）

【内阁府、文部科学省、农林水产省、经济产业省】

- 构建农林水产业、食品产业与其他产业领域联动，引导知识、技术、

创意相互融合，催生颠覆性技术萌芽并向商品化、商业化发展的新型产学合作机制架构

【农林水产省】

● 面向社会的接纳性，开展 NBT 等下一代育种技术的安全评价和国民信息传递方法的研讨

【内阁府、文部科学省、农林水产省】

● 基于国际视野的知识产权战略性运用与保护（包含 SIP 计划）

【内阁府、文部科学省、农林水产省、经济产业省】

● 面向扩大出口，打造农林水产物的日本品牌，以及促进基于国际安全标准的加工、流通技术的现场普及

【农林水产省】

iii）智慧生产系统

（略）

附录2 美国科学基金会（NSF）1999 财年绩效目标完成情况[①]

表1 成效方面的年度绩效目标实现情况

战略成效目标	1999 财年年度绩效目标及实现情况	
在科学与工程前沿取得发现	目标 1.a	目标内容：NSF 资助的项目产生重大发现；在传统学科范围内以及跨学科边界产生预期的和非预期的新知识与技术；在跨学科边界产生高潜力的连接 1999 财年结果：成功实现。在 1999 财年，总共有 43 份外部专家报告对该目标实现情况进行了评级。43 份报告均认为 NSF 成功实现了该目标
	目标 1.b	目标内容：外部独立评估将判断 NSF 的科研计划是否具有最高的科学质量，以及是否在高风险、跨学科和创新性项目之间保持了合适的平衡 1999 财年结果：目标完成。在 1999 财年，所有的外部专家报告均显示 NSF 资助的科研计划具有较高科学质量。在外部专家报告中，有 30 份针对计划内项目的平衡情况做出了评级，其中 24 份认为保持了合适的平衡
在上述发现和其服务应用社会之间搭建桥梁	目标 2	目标内容：NSF 资助产生的成果，能够迅速、容易地获得，并在适当的情况下提供给教育、政策制定或其他联邦机构或私营部门使用 1999 财年结果：成功实现。在 1999 财年，总共有 43 份外部专家报告对该目标实现情况进行了评级。其中 42 份报告均认为 NSF 成功实现了该目标
多元化、面向全球的科学家与工程师队伍	目标 3	目标内容：NSF 资助活动的参与者在研究和教育方面体验世界级的专业实践，使用现代技术，参考吸收国际性观点；他们的质量被学术界、政府、企业和产业界所认可；在科学家和工程师队伍中，代表性不足群体的比例增加 1999 财年结果：成功实现。在 1999 财年，总共有 44 份外部专家报告对该目标实现情况进行了评级。其中 38 份报告认为 NSF 成功实现了该目标的全部或大部分内容
提高所有美国人所需的数学和科学技能	目标 4.a	目标内容：NSF 的资助促进有效模型、产品和实践的开发、采用和调适，以解决所有学生的需求；训练有素的教师在课堂上运用标准化的方法；参与学校和地区的学生成绩表现提升 1999 财年结果：成功实现该目标的大部分内容。在 1999 财年，总共有 22 份外部专家报告对该目标实现情况进行了评级。其中 18 份报告认为 NSF 成功实现了该目标的全部或大部分内容

① 根据 GPRA 的有关条款，NSF 对目标 1-4 以及目标 7 采用了非量化的“备选形式”进行描述，并通过外部专家的主观评价来考核其完成情况。

续表

战略成效目标	1999 财年年度绩效目标及实现情况	
提高所有美国人所需的数学和科学技能	目标 4.b	目标内容：在参与系统性行动计划的学校中，将有超过 80%：（1）开设标准化的科学和数学课程；（2）进一步发展教师队伍；（3）在 NSF 的 3 年支持下，提高学生在选定的一系列测试中的成绩 1999 财年结果：在 1999 财年，NSF 资助的 40 个项目在超过 81%的参与学校开设了标准化的数学和科学课程，并为 15.6 万余名教师提供了专业发展。一系列系统选择的评估工具均显示，所有参与的教育系统的学生在数学和科学方面的成绩都有所提高
	目标 4.c	目标内容：通过系统的行动和相关的教师进修计划，NSF 将为至少 65 000 名大学预科教师提供高强度的专业发展体验 1999 财年结果：在 1999 财年，NSF 通过系统的行动和相关的教师进修计划，为总共 82 400 名教师提供了高强度的专业发展体验，超过了 65 000 名教师的预定目标
及时掌握国内外科学与工程事业的相关信息	目标 5.a	目标内容：将数据采集日期（以采集活动结束的最后一天记）和数据报告日期之间的时间间隔，在目前的平均 540 天基准上压减 10% 1999 财年结果：目标完成。平均的时间间隔下降至 485 天
	目标 5.b	目标内容：客户对所提供产品的相关性满意度达到至少 45%的“优秀”和至少 90%的“优秀”或“良好”。根据对 1996 年客户的服务调查，1998 财年的基线为 38%的“优秀”和 88%的“优秀”或“良好” 1999 财年结果：目标完成。客户满意度达到了 60%的“优秀”和 90%的“优秀”或“良好”

表 2　资助方面的年度绩效目标实现情况

绩效领域	1999 财年年度绩效目标及实现情况	
申请和资助过程		
价值评议的使用	目标 6	目标内容：至少 90%的 NSF 资金将通过适当的外部同行专家的评议进行分配，通过基于价值的竞争程序进行遴选。1998 财年基线：90%。1999 财年目标：90% 1999 财年结果：成功实现。在 1999 财年，95%的项目资金通过价值评议进行分配
价值评议标准的执行	目标 7	目标内容：当评审专家在评阅申请书时，理解并恰当地运用 2 项新的通用评议标准中的要素内容；项目官员在做出资助决定时，参考（新标准）所提供的信息；如果评审专家始终只参考新标准中的一部分要素（即便其他的要素也适用），则属于目标最低限度的有效 1999 财年结果：大部分成功实现，但需要改进。在 1999 财年，总共有 44 份外部专家报告对 NSF 使用新价值评议标准的情况进行了评级。其中 36 份报告认为 NSF 成功实现了该目标

续表

绩效领域	1999 财年年度绩效目标及实现情况	
客户服务——撰写申请书的时间	目标 8	目标内容：95%的计划（项目）公告和征集将在申请截止日期的 3 个月之前发布，在 1998 财年的 66%基线上有所改进 1999 财年结果：目标未完成。只有 75%的计划（项目）公告和征集在申请截止日期的 3 个月之前发布
客户服务——资助决定的时间	目标 9	目标内容：70%的项目申请在接收后 6 个月内处理完毕，在 1998 年的 59%的基线上有所改进 1999 财年结果：目标未完成。只有 58%的项目申请在接收后 6 个月内处理完毕
资助年限	目标 10	目标内容：将 NSF 科研项目的平均资助年限，在 1998 财年的 2.7 年基础上，增加到至少 2.8 年 1999 财年结果：目标完成。1999 财年，NSF 资助科研项目的平均资助年限增长到了 2.8 年
保持系统的开放性	目标 11	目标内容：NSF 将使竞争性科研项目中新任项目负责人的占比增加到至少 30%，在 1998 财年的 27%基线上再增长 3% 1999 财年结果：目标未完成。只有 27%的竞争性科研项目资助给了新任项目负责人
新兴机会		
新兴机会的识别	目标 12	目标内容：NSF 机构内的所有专门委员会将建立网站，为科学和工程共同体提供新兴机会方面的建议和评论 1999 财年结果：目标完成。在 1999 财年，所有专门委员会都建立了网站，为科学和工程共同体提供新兴机会方面的建议和评论
科教融合		
鼓励科教融合	目标 13	目标内容：NSF 将确保在其所有的资助申请公告中包含一个明确的声明，以鼓励申请人将研究活动与教育发展或科学普及相结合 1999 财年结果：目标完成
多样性		
在 NSF 计划/项目设计的各个方面，鼓励对多样性的关注	目标 14	目标内容：NSF 将确保在其所有的资助申请公告中包含一个明确的声明，以鼓励申请人通过其研究与教育活动，提高代表性不足群体在科学和工程中的参与程度 1999 财年结果：目标完成
设施维护		
基建与升级维护	目标 15.a	目标内容：将基建与升级维护纳入年度开支计划，但年度支出不超过预算的 110% 1999 财年结果：目标完成
	目标 15.b	目标内容：将基建与升级维护列入年度工作计划，主要项目内容所需的时间总共不超过预计的 110% 1999 财年结果：目标完成

续表

绩效领域	1999 财年年度绩效目标及实现情况	
基建与升级维护	目标 15.c	目标内容：对于 1996 年后启动的所有基建与升级维护项目，其总费用不超过启动时预算总费用的 110% 1999 财年结果：在 1999 财年该目标不适用
	目标 15.d	目标内容：将因计划外停工导致的运作时间损失，控制在计划运作总时间的 10%以下 1999 财年结果：对结果无法下结论。在 1999 财年，相关数据库仍在建设之中，需要进一步的评估

表 3 管理方面的年度绩效目标实现情况

影响成功的关键因素	1999 财年年度绩效目标及实现情况	
新技术和新兴技术		
电子化申请处理	目标 16	目标内容：NSF 将通过 FastLane 系统以电子化形式接收申请总量中的 25%以上的申请书，在 1998 财年 17.5%的基线上进一步提升 1999 财年结果：目标完成。在 1999 财年，申请总量中的 44%通过 FastLane 系统接收
NSF 员工		
多样性	目标 17	目标内容：在 1999 财年，综合考虑对所有科学家和工程师的任命（NSF 的流动职位），招聘组织将努力吸引科学家和工程师中代表性不足的群体提出申请，以与他们在各自领域获得博士学位的代表性相匹配 1999 财年结果：目标完成
应用信息技术的能力	目标 18	目标内容：到 1999 财年末，所有 NSF 员工将接受关于 FastLane 系统的培训，95%以上的资助计划和计划支撑人员将实践使用 FastLane 系统关键模块 1999 财年结果：目标未完成。80%的员工接受了 FastLane 系统培训；40%的资助计划和计划支撑人员实践使用了 FastLane 系统关键模块
管理改革的落实		
2000 年问题	目标 19	目标内容：在 1999 财年，NSF 将按照工作计划在预算范围内完成解决信息系统 2000 年问题（即“千年虫”问题）所需的所有活动 1999 财年结果：目标完成
项目报告系统	目标 20	目标内容：在 1999 财年，至少 70%的项目报告将通过新的、电子化的“项目报告系统”提交 1999 财年结果：目标未完成。只有 59%的项目报告通过电子化的“项目报告系统”提交

附录3　美国联邦政府优先目标清单及示例

1. 美国联邦政府优先目标清单（2014年版）

序号	目标	目标负责人	负责部门
1	网络安全	Michael Daniel，总统特别助理、网络安全协调官；Russell Deyo，国土安全部常务副部长；Bob Work，国防部副部长；Tony Scott，总统预算管理办公室首席信息官	所有联邦机构，其中：国土安全部、国防部、商务部、（国家标准和技术研究院）和总务署负主要责任
2	信息自由法案	William Baer，司法部首席副检察官；Lisa Danzig，总统预算管理办公室绩效与人事管理副主任；Debra Wall，国家档案局副局长	司法部、国家档案局、总统预算管理办公室
3	服务人员和退伍军人的心理健康	Kristie Canegallo，总统行政办公室政策执行副主任；Sloan Gibson，退伍军人事务部副部长；Mary Wakefield，卫生与公众服务部代理副秘书长；Robert Work，国防部副部长	退伍军人事务部、国防部、卫生部、国内政策委员会、国家安全委员会、国家药物管制政策办公室、教育部、总统预算管理办公室、总统科技政策办公室
4	气候变化（联邦行动）	Christina Goldfuss，环境质量委员会执行主任；Denise Turner Roth，总务署署长	所有的联邦机构，其中主要的责任机构包括：总务署，国防部，退伍军人事务部，能源部，国家宇航局和国土安全部
5	内幕威胁与安全通关改革	Andrew Mayock，总统预算管理办公室主任高级顾问；James Clapper，国家情报主任；Beth Cobert，人事管理局代理主任；Brett Holmgren，总统特别助理和情报项目的高级主管	绩效责任委员会：总统预算管理办公室、国家情报主任办公室、人事管理局、国防部、司法部、国土安全部、联邦调查局、财政部； 能源部、总务署、退伍军人事务部、劳工部、国家档案局、国家安全委员会、高级信息共享和维护指导委员会
6	创造就业机会的投资	Jason Miller，国家经济委员会负责制造业政策的总统特别助理；Bruce Andrews，商务部副部长；Heather Higginbottom，管理和资源部副部长	商务部、小型企业管理局、农业部、国务院、国土安全部和美国进出口银行

续表

序号	目标	目标负责人	负责部门
7	基础设施许可现代化	Andrew Mayock，总统预算管理办公室主任高级顾问；Christina Goldfuss，环境质量委员会执行主任；Victor Mendez，交通运输部副部长	总统预算管理办公室、环境质量委员会、文物保护咨询委员会、农业部、陆军部、商务部、国防部、能源部、国土安全部、住房和城市发展部、内政部、交通运输部、环保局、Morris K.Udall 和 Stewart L.Udall 基金会。其中，总统预算管理办公室作为机构间指导委员会主席，交通运输部作为机构间跨部门团队的主持人
8	科学、技术、工程、数学（STEM）教育	Jo Handelsman，总统科技政策办公室副主任；Joan Ferrini－Mundy，美国科学基金会教育和人力资源主任助理	总统科技政策办公室、美国科学基金会、国家宇航局、农业部、商务部、国防部、教育部、能源部、卫生部、国土安全部、内政部、交通运输部、环保局、总统预算管理办公室、国内政策委员会
9	客户服务	Lisa Danzig，总统预算管理办公室绩效与人事管理副主任；Carolyn Colvin，社会保障局代理专员	所有联邦机构
10	IT 智能交互	Mikey Dickerson，美国数字化服务管理专员；Tony Scott，总统预算管理办公室首席信息官；Megan Smith，总统科技政策办公室首席技术官；Sloan Gibson，退伍军人事务部副部长	所有联邦机构，主要由总统预算管理办公室和人事管理局负责
11	分类管理	Leslie Field，总统预算管理办公室联邦采购政策代理署长；Frank Kendall，美国国防部负责采购、技术和后勤的副部长	所有联邦机构
12	共享服务	Dave Mader，总统预算管理办公室联邦财务管理主管；Denise Turner Roth，总务署署长	内政部、农业部、财政部、卫生部、交通运输部、国防部
13	基准和提升任务支持操作	Dave Mader，总统预算管理办公室联邦财务管理主管；Denise Turner Roth，总务署署长	所有联邦机构
14	开放资料	Tony Scott，总统预算管理办公室首席信息官；Megan Smith，总统科技政策办公室首席技术官	所有联邦机构
15	科技成果转化	Tom Kalil，总统科技政策办公室科技与创新副主任；Jetta Wong，能源部技术转移办公室主任	所有联邦机构
16	人民与文化	Meg McLaughlin，总统人事办公室副主任（代理目标负责人）；Beth Cobert，人事管理局代理主任	所有联邦机构

2. 美国联邦政府优先目标示例（2014 年版，2017 年更新）

优先目标 1——网络安全

目标负责人：

Michael Daniel，总统特别助理、网络安全协调官

Russell Deyo，国土安全部常务副部长

Bob Work，国防部副部长

Tony Scott，预算管理办公室首席信息官

申明：通过持续的信息安全意识，确保只有授权用户才能访问资源和信息，以及实施降低恶意软件风险的技术和流程。

概述：

白宫将重点提升他们在信息操作安全方面做出的努力，通过实施政府的优先网络安全能力，以及开发基于绩效的指标来衡量其成功。

政府的优先网络安全能力是：

- 信息安全持续监控（ISCM）——提供对一个机构的网络安全的持续观察、评估、分析和诊断：姿态、安全卫生和运行准确状态。
- 身份、凭证和访问管理（ICAM）——实现这样一组功能。该功能确保使用者必须对信息技术资源进行认证，以及仅能访问其工作性质所需的资源。
- 反网络钓鱼和恶意软件保护——实施技术、流程和培训，降低通过电子邮件和恶意或受到攻击的网站引入恶意软件的风险。

尽管所有的联邦机构都要遵从 2002 年实施的联邦信息安全管理法（FISMA）的要求，国土安全部、国防部、商务部（国家标准和技术研究院）和总务署在开发与网络安全优先目标有关的指标、标准和治理流程方面，仍发挥重要的领导作用。

优先目标 4——气候变化（联邦行动）

目标负责人：

Christina Goldfuss，环境质量委员会执行主任

Denise Turner Roth，总务署署长

申明：2020年，联邦政府消耗的可再生能源发电量将增长超过一倍，达到20%；提高联邦政府的能源效率，是2025年联邦政府减少40%直接温室气体排放量的广泛战略中的一部分。（2008年基线）

概述：

2015年3月19日，总统签署了13693号行政命令“联邦政府可持续发展未来十年规划”，为联邦政府未来十年制定了雄心勃勃的气候、能源和环境可持续发展的目标。美国的行政部门和机构作为国家的领导者，致力于建设一个清洁能源经济体系，这个经济体系将维持国家的繁荣，保持人民的健康，为后代创造一个可持续发展的环境。联邦政府在能源、环境用水、运输车队、建筑和采购管理方面的领导能力将继续推动国家温室气体减排，支持开展应对气候变化影响的准备工作。联邦政府有望于2025年显著减少直接温室气体（GHG）排放，同时促进创新，减少消耗，并强化联邦设施在社区的运营。

在未来十年采用这一战略，需要扩大和更新联邦政府环境绩效目标，一个明确的总体目标是减少联邦运营和联邦供应链的温室气体排放。已经确立的具体目标分别是温室气体减排（到2025年为40%），可再生能源发电（到2025年为30%），清洁能源（到2025年为25%）和绩效合同（到2016年12月合同额达到40亿美元）。为实现这些目标，将要求各联邦机构充分运用现有的可以提高清洁能源使用效率的机制和新技术，以提高它们对实现上述各项强化目标的重视程度。

CEQ和OMB将密切合作以确保联邦机构了解追求新的环境可持续发展目标的必要步骤，这些努力将得到一个跨部门的指导委员会的支持。追求这些可持续发展目标将涉及至少25个最大的联邦机构。

尽管所有的联邦机构在确保政府实现其能源效率和温室气体减排目标方面，都可以发挥重要的作用，但主要的责任机构包括：总务署，国防部，退伍军人事务部，能源部，国家宇航局和国土安全部。

（资料来源：美国政府绩效专门网站，Cross – Agency Priority Goals List［EB/OL］.［2018 – 02 – 18］. https://www.performance.gov/cap – goals – list.html.）

附录4 欧盟科研与创新绩效记分牌

	指 标	数据来源
创新使能（ENABLERS）		
	人力资源	
1.1.1	25－34 岁人口中，科学及工程学类和社会人文类高等教育博士毕业人口比例（‰）	欧洲统计局
1.1.2	30－34 岁人口中，接受过高等教育的比例（%）	欧洲统计局
1.1.3	20－24 岁人口中，完成高中以上（含高中）教育的比例（%）	欧洲统计局
	开放、卓越和有吸引力的科研体系	
1.2.1	每百万人拥有的国际合作科学论文数	Thomson/Scopus
1.2.2	进入世界高被引论文排名前 10%的论文占本国所有论文数的比例	Thomson/Scopus
1.2.3	每百万人中的非欧盟博士生数	欧洲统计局/经合组织
	经费和支持	
1.3.1	公共研发支出占 GDP 比例（%）	欧洲统计局
1.3.2	风险投资①占 GDP 例（%）	EVCA②//欧洲统计局
企业活动（FIRM ACTIVITIES）		
	企业投资	
2.1.1	企业研发支出占 GDP 比重（%）	欧洲统计局
2.1.2	非研发类创新支出占营业额（turnover）比重（%）	欧洲统计局（CIS③）
	合作与创业	
2.2.1	中小企业中开展内部创新的比例（%）	欧洲统计局（CIS）
2.2.2	中小企业中与其他企业开展合作创新的比例（%）	欧洲统计局（CIS）
2.2.3	每百万人拥有的学术性公私合作出版物	Thomson/Scopus
	知识资本	
2.3.1	每十亿美元 GDP（按购买力平价折算）平均产出的 PCT 专利申请数	欧洲统计局
2.3.2	在应对重大社会挑战（如气候变化减缓、健康）领域每十亿美元 GDP（按购买力平价折算）平均产出的 PCT 专利申请数	经合组织
2.3.3	每十亿美元 GDP（按购买力平价折算）平均产出的欧盟商标数	OHIM/欧洲统计局
2.3.4	每十亿美元 GDP（按购买力平价折算）平均产出的欧盟设计数	OHIM/欧洲统计局

续表

	指　　标	数据来源
创新输出（OUTPUTS）		
	创新企业	
3.1.1	（企业雇员 10 人以上的）中小企业中，在产品或流程方面创新的比例（%）	欧洲统计局（CIS）
3.1.2	（企业雇员 10 人以上的）中小企业中，在市场营销或组织管理方面创新的比例（%）	欧洲统计局（CIS）
3.1.3	（企业雇员 10 人以上的）中小企业中，高成长型企业的比例（%）	欧洲统计局（CIS）
	经济效应	
3.2.1	从业人员中，从事知识密集型服务业的比例（%）	欧洲统计局
3.2.2	产品出口中，中高技术制造产品的比例（%）	欧洲统计局
3.2.3	服务出口中，知识密集型服务的比例（%）	欧洲统计局
3.2.4	市场新产品和企业新产品销售额占营业额的比重（%）	欧洲统计局（CIS）
3.2.5	从国外获得的授权及专利收入占 GDP 的比重	欧洲统计局（CIS）

① 此处风险投资不包括管理性的收购、并购。

② 欧洲私募基金和风险投资协会（European Private Equity and Venture Capital Association）。

③ CIS 是欧洲统计局开展的“欧共体创新情况调查”（Community Innovation Surveys，CIS）。

（资料来源：陈敬全，俞阳，张超英，等. 欧洲 2020 战略旗舰计划：创新联盟（下）[J]. 全球科技经济瞭望，2011，6（5）：28－38.）

附录 5　部分国家和地区科技规划相关文件制定情况

中国：

序号	发布年份	名　称
1	1956	《1956—1967 年科学技术发展远景规划》
2	1963	《1963—1972 年科学技术发展规划》
3	1978	《1978—1985 年全国科学技术发展规划纲要》
4	1986	《1986—2000 年科学技术发展规划》
5	1992	《1991—2000 年科学技术发展十年规划和“八五”计划纲要》
6	未公布	《全国科技发展“九五”计划和到 2010 年长期规划纲要》
7	2001	《国民经济和社会发展第十个五年计划科技教育发展专项规划（科技发展规划）》
8	2006	《国家中长期科学和技术发展规划纲要（2006—2020 年）》
9	2006	《国家“十一五”科学技术发展规划》
10	2011	《国家“十二五”科学和技术发展规划》
11	2016	《“十三五”国家科技创新规划》

日本：

序号	发布年份	名　称
1	1996	第 1 期《科学技术基本计划》
2	2001	第 2 期《科学技术基本计划》
3	2006	第 3 期《科学技术基本计划》
4	2011	第 4 期《科学技术基本计划》
5	2013	《科学技术创新综合战略——创造新维度日本的挑战》
6	2014	《科学技术创新综合战略 2014——面向未来创造的桥梁》
7	2015	《科学技术创新综合战略 2015》
8	2016	第 5 期《科学技术基本计划》

续表

序号	发布年份	名 称
9	2016	《科学技术创新综合战略 2016》
10	2017	《科学技术创新综合战略 2017》
11	2018	《统合创新战略》[①]
12	2019	《统合创新战略 2019》

美国：

序号	发布年份	名 称
1	1993	《政府绩效与结果法案》
2	2009	《美国创新战略：推动可持续增长和高质量就业》
3	2010	《政府绩效与结果现代法案》
4	2011	《美国创新战略：确保我们的经济增长与繁荣》
5	2015	《美国创新战略》

欧盟：

序号	发布年份	名 称
1	2001	《里斯本战略》
2	2010	《欧洲 2020 战略》

① 日语原文为“統合イノベーション戦略”，国内也有人译为《综合创新战略》。

参 考 文 献

[1] 白春礼. 世界科技创新趋势与启示 [J]. 科学发展，2014（3）.

[2] 贝尔纳. 科学的社会功能 [M]. 陈体芳，译. 北京：商务印书馆，1982.

[3] 财政部. 关于印发《中央部门预算绩效目标管理办法》的通知 [J]. 绿色财会，2015（7）.

[4] 财政部. 财政部关于停止执行《自主创新产品政府采购预算管理办法》等三个文件的通知 [Z]. 中华人民共和国国务院公报，2012（6）.

[5] 蔡晓辉. 评矿山刷绿漆：本质上是不负责任的乱作为 [EB/OL].（2019-12-26）[2020-01-08]. https://wap.peopleapp.com/article/4963222/4854658.

[6] 晁毓欣. 美国联邦政府绩效管理改革三部曲 [J]. 山东财政学院学报，2011（2）.

[7] 晁毓欣. 美国联邦政府项目评级工具（PART）：结构、运行与特征[J]. 中国行政管理，2010（5）.

[8] 陈劲，等. 科学、技术与创新政策 [M]. 北京：科学出版社，2013.

[9] 陈敬全，俞阳，张超英，等. 欧洲 2020 战略旗舰计划：创新型联盟：上 [J]. 全球科技经济瞭望，2011（4）.

[10] 陈敬全，俞阳，张超英，等. 欧洲 2020 战略旗舰计划：创新型联盟：下 [J]. 全球科技经济瞭望，2011（5）.

[11] 陈光，邢怀滨. 基于变革理论的科研项目全周期管理研究 [J]. 中国科技论坛，2017（3）.

[12] 陈光，陶鹏，张小秋. 日本《科学技术基本计划》评估分析及其对我

国的启示［J］．中国科技资源导刊，2015（1）．
［13］陈正洪．建国以来中长期科技规划的历史演进和理念解析［D］．北京：北京师范大学，2009．
［14］陈忠．基于目标管理的 A 公司绩效管理体系研究［D］．福州：福建农林大学，2017．
［15］程如烟，王开阳．特朗普与奥巴马科技政策取向对比［J］．全球科技经济瞭望，2019（7）．
［16］崔永华．当代中国重大科技规划制定与实施研究［D］．南京：南京农业大学，2008．
［17］多纳德・莫尼汉，斯蒂芬・拉沃图，尚虎平，等．绩效管理改革的效果：来自美国联邦政府的证据［J］．公共管理学报，2012（2）．
［18］德鲁克．管理的实践［M］．齐若兰，译．北京：机械工业出版社，2009．
［19］杜娟．公共部门目标管理研究——以合肥市蜀山区政府目标管理为例［D］．合肥：安徽大学，2009．
［20］樊春良．新中国 70 年科技规划的创立与发展——不同时期科技规划的比较［J］．科技导报，2019（18）．
［21］樊春良．全球化时代的科技政策［M］．北京：北京理工大学出版社，2005．
［22］范柏乃，蓝志勇．国家中长期科技发展规划解析与思考［J］．浙江大学学报：人文社会科学版，2007（2）．
［23］菲利普・夏皮拉，斯蒂芬・库尔曼．科技政策评估：来自美国与欧洲的经验［M］．方衍，邢怀滨，等译．北京：科学技术文献出版社，2015．
［24］国家发展和改革委员会．“十三五”国家级专项规划汇编［G］．北京：人民出版社，2017．
［25］胡维佳．中国科技规划、计划与政策研究［M］．济南：山东教育出版社，2007．
［26］胡维佳．中国历次科技规划研究综述［J］．自然科学史研究，2003（22）．
［27］何文盛，蔡明君，王焱，等．美国联邦政府绩效立法演变分析：从 GPRA 到 GPRAMA［J］．兰州大学学报（社会科学版），2012（2）．

[28] 何少珍．目标管理导向绩效管理的构建——基于 CP 公司的案例分析［D］．广州：中山大学，2009．
[29] 黄宁燕，孙玉明，冯楚建．科技管理视角下的国家科技规划实施及顶层推进框架设计研究［J］．中国科技论坛，2014（10）．
[30] 贾川．中长期发展规划实施机制及其完善研究——以“十二五”规划纲要为例［D］．上海：上海交通大学，2013．
[31] 吉林省财政厅．预算绩效管理国际发展趋势——预算绩效管理国际研讨会综述［R/OL］．（2019－07－26）［2019－12－06］．http://czt.jl.gov.cn/zdzt/ jxgl/gzdt/201909/t20190917_6064791.html．
[32] 科技部．历史上的科技发展规划［EB/OL］．［2018－12－05］．http://www.most.gov.cn/kjgh/lskjgh/．
[33] 康相武．典型国家（或地区）科技规划制定及管理的比较研究［J］．中国软科学，2008（12）．
[34] 肯·史密斯，迈克尔·希特．管理学中的伟大思想：经典理论的开发历程［M］．徐飞，路琳，苏依依，译．北京：北京大学出版社，2005．
[35] 李强，李晓轩．美国国家科学基金会的绩效管理与评估实践［J］．中国科技论坛，2007（6）．
[36] 李正风，邱惠丽．若干典型国家科技规划共性特征分析［J］．科学学与科学技术管理，2005（3）．
[37] 李善同，周南．“十三五”时期中国发展规划实施评估的理论方法与对策研究［M］．北京：科学出版社，2019．
[38] 李倩．中国战略规划实践中目标体系构建问题研究［J］．湘潭大学学报（哲学社会科学版），2016（2）．
[39] 李睿祎．论德鲁克目标管理的理论渊源［J］．学术交流，2006（8）．
[40] 李真真．1956：在计划经济体制下科技体制模式的定位［J］．自然辩证法通讯，1995（6）．
[41] 李平，蔡跃洲．新中国历次重大科技规划与国家创新体系构建——创新体系理论视角的演化分析［J］．求是学刊，2014（5）．
[42] 李辉．基于目标管理的 A 公司 KPI 绩效考核体系优化研究［D］．西安：

西安建筑科技大学，2016.
［43］刘贺．新中国首个科技规划制定与实施历程及启示［D］．哈尔滨：哈尔滨工业大学，2018.
［44］刘培．德鲁克公共行政目标管理研究［D］．长沙：湖南师范大学，2010.
［45］刘益东．科技重大风险治理：重要性与可行性［J］．国家治理，2020（3）.
［46］刘益东．对不准原理与动车困境：人类已经丧失纠正重大错误的能力［M］//中国科学院自然科学史研究所．科学技术史研究六十年：中国科学院自然科学史研究所论文选（第四卷，科技交流史/科技与社会）．北京：中国科学技术出版社，2018.
［47］刘益东．致毁知识与科技伦理失灵：科技危机及其引发的智业革命［J］．山东科技大学学报：社会科学版，2018（6）.
［48］刘银喜，任梅．精细化政府：中国政府改革新目标［J］．中国行政管理，2017（11）.
［49］龙观华．影响我国1953年实行“五年计划”的主要因素［J］．徐州工程学院学报（社会科学版），2014（4）.
［50］鲁清仿，王全印，赵光辉．美国联邦政府预算绩效管理及其对中国的启示［J］．中国软科学，2019（12）.
［51］马国贤．政府绩效管理［M］．上海：复旦大学出版社，2005.
［52］马惠娣．科学技术宏观管理的“规划模式”——对中国第一个科学技术发展规划的评述［J］．自然辩证法通讯，1995（4）.
［53］聂文婷．聂荣臻与新中国第一个科技发展远景规划［J］．党史文汇，2012（1）.
［54］庞宇，崔玉亭．日本的政策评估体系和实践及其对中国科技评估的启示［J］．中国科技论坛，2012（3）.
［55］尚军．从“里斯本战略”到“欧洲2020战略”［EB/OL］．（2010－03－03）［2019－12－15］．http://www.china.com.cn/international/zhuanti/eurogroup/txt/2010－03/04/content_19522126.htm.
［56］盛明科，张旭．美国政府绩效管理的发展趋向及其启示——对奥巴马

政府时期的考察［J］. 广东行政学院学报，2017（6）.
［57］施光学. 从里斯本战略和《欧洲宪法条约》的困境看欧洲联盟21世纪发展前景［J］. 世界经济与政治论坛，2007（3）.
［58］孙丽艳. 企业目标管理实施方法及案例研究［D］. 沈阳：东北大学，2005.
［59］孙贤宏. 目标管理在绩效管理体系中的应用［D］. 上海：上海交通大学，2003.
［60］陶鹏，陈光，王瑞军. 日本科学技术基本计划的目标管理机制分析——以《第三期科学技术基本计划》为例［J］. 全球科技经济瞭望，2017（3）.
［61］王海燕，冷伏海. 英国科技规划制定及组织实施的方法研究和启示［J］. 科学学研究，2013（2）.
［62］王海燕，冷伏海，吴霞. 日本科技规划管理及相关问题研究［J］. 科技管理研究，2013（15）.
［63］王志坚. 德鲁克目标管理视角下的政府规划制定［J］. 科学与财富，2012（10）.
［64］王绍光，鄢一龙. 大智兴邦：中国如何制定五年规划［M］. 北京：中国人民大学出版社，2015.
［65］王春玲. 基于目标管理的X矿业公司绩效考核研究［D］. 桂林. 广西师范大学，2018.
［66］汪前进. 从历史角度看中国科学院在国家科技规划制定中的作用［J］. 中国科学院院刊，2004（3）.
［67］汪江桦，冷伏海，王海燕. 美国科技规划管理特点及启示［J］. 科技进步与对策，2013（7）.
［68］武夷山. 对外技术依存度怎么测？［EB/OL］.（2012－07－03）［2020－01－20］. http://blog.sciencenet.cn/blog－1557－588364.html.
［69］吴松. 日本政府政策评价制度与科技政策绩效评价浅析［J］. 全球科技与经济瞭望，2007（7）.
［70］肖誉佳. 地方政府绩效管理新模式研究——基于目标管理视角［D］. 南

昌：南昌大学，2013.
［71］许一．目标管理理论述评［J］．外国经济与管理，2006（9）．
［72］相伟．我国发展规划评估的理论与方法研究［M］．北京：经济科学出版社，2012.
［73］许平祥，唐敏，兰鹏飞．科技进步贡献率测算方法述评［J］．现代商贸工业，2008（8）．
［74］鄢一龙．目标治理——看得见的五年规划之手［M］．北京：中国人民大学出版社，2013.
［75］杨国梁．科技规划的理论方法与实践［M］．北京：科学出版社，2020.
［76］杨伟民．发展规划的理论和实践［M］．北京：清华大学出版社，2010.
［77］杨伟民，等．新中国发展规划 70 年［M］．北京：人民出版社，2019.
［78］杨永恒．发展规划：理论，方法和实践［M］．北京：清华大学出版社，2012.
［79］杨永恒，陈升．现代治理视角下的发展规划——理论、实践和前瞻［M］．北京：清华大学出版社，2019.
［80］姚玲．从里斯本战略到欧洲 2020 战略［J］．国际贸易，2010（4）．
［81］袁玲．基于目标管理的绩效考核体系优化研究——以 Z 高新区管委会为例［D］．成都：四川师范大学，2017.
［82］张可云．“十三五”规划中期评估是胡扯［EB/OL］．（2018－05－12）［2019－09－13］．https://mp.weixin.qq.com/s/GBxpmYp－HWLfsR79ND9g3Q.
［83］张金马．政策科学导论［M］．北京：中国人民大学出版社，1992.
［84］张利华，徐晓新．科技发展规划的理论与方法初探［J］．自然辩证法研究，2005（8）．
［85］张俊伟．美国的绩效预算改革及特点［N/OL］．中国经济时报，（2013－10－15）［2019－01－10］．http://zgjjsb.blog.sohu.com/280197873.html.
［86］赵鹰．中国历次中长期科技规划的研究［D］．北京：中国农业大学，2007.
［87］赵叶珠，胡世君．欧盟治理的新工具——开放式协调法的特点及应用

[J]. 科学与管理，2009（2）.

[88] 郑天天. 我国重大科技发展规划演变研究 [D]. 大连：大连理工大学，2007.

[89] 郑大华，张英. 论苏联“一五计划”对20世纪30年代初中国知识界的影响 [J]. 世界历史，2009（02）.

[90] 中国研究与樱花科技中心.【日本的科技政策】（五）第一次基本计划的实施碰到诸多问题 [EB/OL].（2019-10-15）[2019-12-10]. https://www.keguanjp.com/kgjp_keji/kgjp_kj_etc/pt20191015060003.html.

[91] 中国（双法）项目管理研究委员会. 中国项目管理知识体系 [M]. 北京：电子工业出版社，2006.

[92] 中华人民共和国科学技术部创新发展司. 中华人民共和国科学技术发展规划纲要（2016—2020）[M]. 北京：科学技术文献出版社，2018.

[93] 朱敏. 我国规划中期评估存在五大问题 [N/OL]. 中国经济时报，(2013-03-01)[2019-09-08]. http://jjsb.cet.com.cn/show_152697.html.

[94] 内閣府政策統括官（科学技術・イノベーション担当). 戦略的イノベーション創造プログラム（SIP）概要[R/OL]. [2019-09-04]. https://www8.cao.go.jp/cstp/gaiyo/sip/sipgaiyou.pdf.

[95] 日本経済団体連合会. 科学・技術・イノベーションの中期政策に関する提言 [EB/OL].（2009-12-15）[2020-01-22]. http://www.keidanren.or.jp/japanese/policy/2009/108/honbun.html#part3.

[96] 竹岡まりこ. 科学技術政策の新たな推進体制－第4期科学技術基本計画期間を振り返って－[R/OL].（2015-12）[2019-04-12]. https://www.sangiin.go.jp/japanese/annai/chousa/rippou_chousa/backnumber/2015pdf/20151201120.pdf.

[97] 科学技術政策担当大臣、総合科学技術会議有識者議員. 平成26年度科学技術関係予算重点化等の進め方について[R/OL].（2013-06-20）[2019-06-26]. https://www8.cao.go.jp/cstp/budget/yosansenryaku/1kai/siryo3.pdf.

[98] 科学技術会議. 第1期科学技術基本計画 [R]. 東京. 総理府.

［99］厚生労働省．身体機能解析・補助・代替機器開発研究採択課題一覧［EB/OL］．［2018－09－10］．http://www.mhlw.go.jp/bunya/kenkyuujigyou/hojokin－gaiyo07/02－02－08.html．

［100］野村康秀．科学技術基本計画路線 20 年の帰結と第 5 期計画策定の問題点［J］．日本の科学者，2015，50（11）．

［101］亀山秀雄．科学技術イノベーションにおける価値創造プロセスとP2M［J］．国際 P2M 学会誌，2016，10（2）．

［102］総合科学技術会議．第 2 期科学技術基本計画［R/OL］．［2019－03－03］．https://www8.cao.go.jp/cstp/kihonkeikaku/honbun.html．

［103］総合科学技術会議．第 2 期における分野別推進戦略［R/OL］．（2001－09－21）［2019－03－05］．https://www8.cao.go.jp/cstp/strategies.pdf．

［104］総合科学技術会議．第 3 期科学技術基本計画［R/OL］．（2006－03－28）［2019－03－05］．https://www8.cao.go.jp/cstp/kihonkeikaku/honbun.pdf．

［105］総合科学技術会議．第 3 期における分野別推進戦略［R/OL］．（2006－03－28）［2019－03－05］．https://www8.cao.go.jp/cstp/kihon3/bunyabetu1.pdf．

［106］総合科学技術会議．第 3 期科学技術基本計画フォローアップ［R/OL］．（2009－06－19）［2019－03－09］．https://www8.cao.go.jp/cstp/siryo/haihu82/siryo1－2.pdf．

［107］総合科学技術会議．第 4 期科学技術基本計画［R/OL］．（2011－08－19）［2019－03－15］．https://www8.cao.go.jp/cstp/kihonkeikaku/4honbun.pdf．

［108］総合科学技術イノベーション会議．科学技術イノベーション総合戦略～新次元日本創造への挑戦～［R/OL］．（2013－06－07）［2019－03－19］．https://www8.cao.go.jp/cstp/sogosenryaku/2013/honbun.pdf．

［109］総合科学技術・イノベーション会議．第 4 期科学技術基本計画フォローアップ［R/OL］．（2014－10－22）［2019－03－19］．

https://www8.cao.go.jp/cstp/siryo/haihui005/siryo3－3.pdf.

［110］総合科学技術イノベーション会議．科学技術イノベーション総合戦略 2014～未来創造に向けたイノベーションの懸け橋～［R/OL］．（2014－06－24）［2019－03－19］．https://www8.cao.go.jp/cstp/sogosenryaku/2014/honbun2014.pdf.

［111］総合科学技術イノベーション会議．科学技術イノベーション総合戦略 2015［R/OL］．（2015－06－19）［2019－03－22］．https://www8.cao.go.jp/cstp/sogosenryaku/2015/honbun2015.pdf.

［112］総合科学技術・イノベーション会議．第 5 期科学技術基本計画［R/OL］．（2016－01－22）［2019－03－19］．https://www8.cao.go.jp/cstp/kihonkeikaku/5honbun.pdf.

［113］総合科学技術イノベーション会議．科学技術イノベーション総合戦略 2016［R/OL］．（2016－05－24）［2019－03－22］．https://www8.cao.go.jp/cstp/sogosenryaku/2016/honbun2016.pdf.

［114］総合科学技術・イノベーション会議．総合科学技術・イノベーション会議運営規則［R/OL］．（2016－06－09）［2019－03－22］．https://www8.cao.go.jp/cstp/gaiyo/uneikisoku_160609.pdf.

［115］総合科学技術イノベーション会議．科学技術イノベーション総合戦略 2017［R/OL］．（2017－06－02）［2019－03－22］．https://www8.cao.go.jp/cstp/sogosenryaku/2017/honbun2017.pdf.

［116］総合科学技術イノベーション会議．戦略協議会・ワーキンググループ［EB/OL］．［2019－02－23］．https://www8.cao.go.jp/cstp/tyousakai/juyoukadai/wg.html.

［117］Aaron Wildavsky．If Planning Is Everything，Maybe It's Nothing［J］．Policy Sciences，1973，4（2）．

［118］Dave Guyadeen，Mark Seasons．Evaluation Theory and Practice：Comparing Program Evaluation and Evaluation in Planning［J］．Journal of Planning Education and Research，2016（11）．

［119］Doran G T．There's a S．M．A．R．T．Way to Write Management's Goals and Objectives [J]. Management Review，1981，70：35－36.

[120] E R Alexander，A Faludi. Planning and Plan Implementation：Notes on Evaluation Criteria [J]. Environment and Planning B：Planning and Design，1989，16（2）.

[121] European Commission. Commission Staff Working Document：Lisbon Strategy Evaluation Document [R/OL].（2010－02－02）[2019－05－01]. http://csdle.lex.unict.it/Archive/LW/Data%20reports%20and%20studies/Reports%20and%20%20communication%20from%20EU%20Commission/20110907－125328_sec_114_2010_enpdf.pdf.

[122] European Commission. Europe 2020：A European Strategy for Smart，Sustainable and Inclusive Growth [R/OL].（2010－03－03）[2019－04－25]. https://ec.europa.eu/eu2020/pdf/COMPLET%20EN%20BARROSO%20%20%20007%20－%20Europe%202020%20－%20EN%20version.pdf.

[123] European Commission. Europe 2020 Flagship Initiative：Innovation Union[R/OL].[2019－04－08]. https://ec.europa.eu/research/innovation－union/pdf/innovation－union－communication－brochure_en.pdf.

[124] European Commission. Europe 2020：Integrated Guidelines for the Economic and Employment Policies of the Member States [R/OL].（2010－04－27）[2019－04－22]. https://ec.europa.eu/eu2020/pdf/Brochure% 20Integrated%20Guidelines.pdf.

[125] European Commission. Governance，Tools and Policy Cycle of Europe 2020[R/OL].[2019－07－10]. https://ec.europa.eu/eu2020/pdf/Annex%20SWD%20implementation%20last%20version%2015－07－2010.pdf.

[126] EurWORK. Lisbon Strategy. [EB/OL]. [2019－12－29]. https://www.eurofound.europa.eu/observatories/eurwork/industrial－relations－dictionary/lisbon－strategy.

[127] Every CRS Report. University of North Texas Libraries Government Documents Department. The President's Management Agenda：A Brief

Introduction [EB/OL]. [2019 – 09 – 13]. https://www.everycrsreport.com/reports/RS21416.html#_Toc221070943.

[128] Financial Times. Prodi Says EU Efforts to Catch US "a failure". [EB/OL]. [2019 – 12 – 14]. https://www.neweurope.eu/article/prodi – says – eu – efforts – catch – us – %E2%80%9C – failure%E2%80%9D/.

[129] George S Odiorne. MBO in State Government[J]. Public Administration Review，1976（36）.

[130] Gore A. Report of the National Performance Review：From Red Tape to Result Creating a Government That Works Better&Cost Less [R]. Washington：the U.S. Government Printing Office.

[131] ISO . Quality management—Guidelines for quality management in projects（ISO 10006：2017）[R/OL]. [2019 – 05 – 10]. https://www.doc88.com/p – 7042594607330.html.

[132] John C Aplin，Peter P Schoderbek. MBO：Requisites for Success in the Public Sector [J]. Human Resource Management，1976（15）.

[133] John Gilmour. Implementing OMB's Program Assessment Rating Tool（PART）：Meeting the Challenges of Integrating Budget and Performance [J]. OECD Journal on Budgeting，2007，7（1）.

[134] Lucie Laurian，et al. Evaluating the Outcomes of Plans：Theory，Practice，and Methodology [J]. Environment and Planning B：Planning and Design，2010（37）.

[135] National Science Foundation. GPRA Strategic Plan FY1997 –FY2003 [R/OL].（1997 – 09）[2019 – 09 – 23]. https://www.nsf.gov/od/gpraplan/gpraplan.htm#goals.

[136] National Science Foundation . GPRA Performance Report FY1999 [R/OL].（2000 – 03 – 31）[2019 – 09 – 23]. https://www.nsf.gov/pubs/2000/nsf0064/pdf/nsf0064.pdf.

[137] National Science Foundation. NSF GPRA Strategic Plan FY2001 – 2006 [R/OL].（2000 – 09 – 30）[2019 – 09 – 25]. https://www.nsf.gov/pubs/

2001/nsf0104/start.htm.

[138] National Science Foundation. National Science Foundation GPRA Strategic Plan FY2003－2008 [R/OL].（2003－09－30）[2019－09－27]. https://www.nsf.gov/pubs/2004/nsf04201/FY2003－2008.pdf.

[139] National Science Foundation. Investing in America's Future：Strategic Plan FY2006－2011 [R/OL].（2006－09）[2019－09－29]. https://www.nsf.gov/pubs/2006/nsf0648/NSF－06－48.pdf.

[140] OECD. Better Criteria for Better Evaluation：Revised Evaluation Criteria Definitions and Principles for Use [R/OL].（2019－12－10）[2020－03－02]. https://www.oecd.org/dac/evaluation/revised－evaluation－criteria－dec－2019.pdf.

[141] Office of Management and Budget. Cross－Agency Priority Goals List [EB/OL]. [2018－01－18]. https://www.performance.gov/cap－goals－list.html.

[142] Office of Management and Budget. The President's Management Agenda 2018 [R/OL]. [2019－06－27]. https://www.whitehouse.gov/wp－content/uploads/2018/04/ThePresidentsManagementAgenda.pdf.

[143] Paul Copeland，Dimitris Papadimitriou. The EU's Lisbon Strategy：Evaluating Success，Understanding Failure [M]. Hampshire：Macmillan Distribution Ltd，2012.

[144] Project Management Institute. A Guide to the Project Management Body of Knowledge（PMBOK guide）[M]. Newtown Square：Project Management Institute，2004.

[145] Radin B A. The Government Performance and Results Act and the Tradition of Federal Management Reform：Square Pegs in Round Holes? [J]. Journal of Public Administration Research and Theory，2000，10（1）.

[146] Robert Rodgers，John E Hunter. A Foundation of Good Management Practice in Government：Management by Objectives [J]. Public

Administration Review，1992，52（1）.
[147] Sina Shahab，et al. Impact－based Planning Evaluation：Advancing Normative Criteria for Policy Analysis [J]. Environment & Planning B：Urban，2019，46（3）.
[148] Steve Censky，Suzette Kent. Modernize IT to Increase Productivity and Security [R/OL]. [2020－01－21]. https://www.performance.gov/CAP/action_plans/dec_2019_IT_Modernization.pdf.
[149] UNDP. Handbook on Planning，Monitoring and Evaluating for Development Results [M]. New York：A. K. Office Supplies，2009.
[150] United States Government Accountability Office. MANAGING FOR RESULTS：GPRA Modernization Act Implementation Provides Important Opportunities to Address Government Challenges [R/OL].（2011－05－10）[2019－05－30]. https://www.gao.gov/products/gao－11－617t.
[151] United States Government Accountability Office. MANAGING FOR RESULTS：Agencies Should More Fully Develop Priority Goals under the GPRA Modernization Act [R/OL].（2013－04－19）[2019－06－28]. https://www.gao.gov/products/GAO－13－174.
[152] United States Government Accountability Office. MANAGING FOR RESULTS：OMB should strengthen reviews of Cross－Agency Goals [R/OL].（2014－06－10）[2019－07－01]. https://www.gao.gov/products/GAO－14－526.
[153] United States Government Accountability Office. MANAGING FOR RESULTS：OMB Improved Implementation of Cross－Agency Priority Goals，But Could Be More Transparent About Measuring Progress [R/OL].（2016－05－20）[2019－07－21]. https://www.gao.gov/products/GAO－16－509.
[154] United States Government Accountability Office. MANAGING FOR RESULTS：Further Progress Made in Implementing the GPRA

Modernization Act，but Additional Actions Needed to Address Pressing Governance Challenges [R/OL].（2017－09－29）[2019－07－22]. https://www.gao.gov/products/GAO－17－775.

[155] Vitor Oliveira，Paulo Pinho. Bridging the Gap Between Planning Evaluation and Programme Evaluation：The Contribution of the PPR Methodology [J]. Evaluation，2011，17（3）.

[156] Wim Kok，et al. Facing the Challenge：the Lisbon Strategy for Growth and Employment [R/OL].（2004－11－12）[2019－06－30]. https://ec.europa.eu/research/evaluations/pdf/archive/fp6－evidence－base/evaluation_studies_and_reports/evaluation_studies_and_reports_2004/the_lisbon_strategy_for_growth_and_employment__report_from_the_high_level_group.pdf.

后 记

2008 年，国家科技评估中心承担了科技部党组委托的“国内外政府科技管理部门目标管理（绩效管理）”重大专题调研，对有关政策法规、科技计划、政府科技管理部门、公共科技管理和资助机构的目标管理情况开展了系统深入的研究。彼时，我刚调入评估中心工作便有幸参加了这项重大调研任务。但遗憾的是，当时课题组并未将科技规划的目标管理作为研究重点，亦未开展这方面的深入调研。

2009 年，我作为核心成员参加了原科技部计划司委托的“《中长期科技规划纲要》‘十一五’期间执行情况检查评估”任务；2013—2014 年又参与设计并组织实施了“《中长期科技规划纲要》实施情况中期评估”。在当时，科技规划评估无疑属于一项探索性、开拓性的任务，缺乏成熟的理论和方法指导。我作为科技规划评估工作的组织者和亲历者，切身感受到了科技规划评估领域理论研究严重滞后于评估实践的切肤之痛。

2016 年 10 月，国家自然科学基金委员会设立了第 4 期应急管理项目——“我国发展规划实施评估的理论方法与对策研究”。我有幸申请获得了其中的“规划与公共政策实施评估的理论总结、国外经验借鉴及规划评估总体框架构建”项目资助（批准号：71641024），并在该项目资助下系统梳理了日本、美国、英国的公共政策评估和发展规划评估的有关经验做法，分析了联合国开发计划署（UNDP）、世界银行等发展援助机构的项目评估理论和方法。

在该项目研究基础上，我结合在中科院攻读博士学位的机会，将科技规划的目标管理机制作为学位论文选题，开展了较为系统、深入的专门研究。这部著作便是在我的博士学位论文基础上，吸收各方面意见建议进一步修改完善形成的。可以说，这部著作的诞生是作者过去 11 年来在科技规划评估领域断断续续地投入和关注的总结晶。

谈到目标管理，该理论在提出之后也曾受到不少质疑，科技规划及其目标管理受到的质疑可能会更多。其中典型的声音是科学研究和技术开发的目标具有很强的不确定性，难以规划和开展目标管理。科技能否进行规划早已由 20 世纪 30 年代著名的“波兰尼 – 贝尔纳”论战解决；现今来自日本、美国和欧盟的规划实践则表明，科技规划不仅能够进行目标管理，而且应当开展目标管理。这些发达国家和地区，已经在自觉或不自觉地运用目标管理这一工具开展科技创新方面的战略管理。

我认为，开展科技规划的目标管理，其实最重要的不是目标内容本身，而是设立目标这一行为。正如德鲁克（1954）所言，目标不是刻板的列车时刻表，而更像是大海航行中的“指南针”；管理者必须不断检查目标，必要时需要重新设定指南针。设立了规划目标，就像大海航行有了航向，通过目标分解、设计目标执行体系（实现路径）、开展监测评估、及时反馈修正等管理手段，能够帮助大家始终朝着正确的航向不断地破浪前行。虽然有可能最终到达的位置会偏离预定目的地，但终究会顺利到达彼岸。如果因为担心位置会有所偏离就不设定目标，或者设定目标之后，放任自流，那么很可能会折戟沉沙，连彼岸都到达不了。正如古人所说的“取法乎上，仅得其中；取法乎中，仅得其下”，设定一个好的规划目标并开展科学的规划目标管理的意义正在于此。

在科技规划领域引入目标管理机制，实质上是 20 世纪 70 年代末 80 年代初开始，西方各国掀起的“新公共管理运动”在科技规划领域的延伸。在“新公共管理”视角下，政府的角色应是“掌舵”而非“划桨”。而在规划领域，目标恰恰是政府赖以“掌舵”的一个有力抓手。当然，在科技规划领域引入目标管理机制，不可能一蹴而就，也不会一帆风顺，因为这需要对现有的整个规划管理体系进行重构。但是，如果想要进一步提高规划组织实施与管理的精细化、科学化水平，这种重构却又是势在必行的。

同时我们也要清醒地认识到，目标管理并不是万能的，不可能包打天下，优化完善科技规划的制定与组织实施，也不可能毕其功于一役。现今的焦点问题是科技规划方面的理论研究严重滞后于实践，这一现状与科技规划在科技工作和经济社会发展中扮演的越来越重要的角色极不相称，距离党中央、国务院对科技管理部门提出的“四抓”要求也有着较大差距。虽然本书开展的目标管理机制研究以及提出的相关模型仍存在不少浅陋之处，但也希望能够起到抛砖引玉的作用，吸引业内更多的专家、学者能够关注科技规划组织实施和评估理论研究这个相对小众、而又意义十分重大的领域。

本书在形成过程中收到了来自许多方面的支持、鼓励和帮助。在本书即将付梓之际，首先要感谢我的博士生导师刘益东研究员，这部著作的诞生与他的悉心指导是密不可分的。感谢在博士学位论文写作过程中给我提出宝贵意见的杨舰教授、刘孝廷教授、周程教授、方衍研究员、罗桂环研究员、韩毅研究员等各位老师。感谢国家自然科学基金的及时资助，感谢项目研究过程中李善同研究员、杨开忠教授、王伟光教授、金凤君研究员、姚飞教授、杜立群教授等各位老师的指点；感谢本人项目组的王赵琛、昝婷婷博士，以及其他项目组的各位老师，项目组内部、外部之间的交流碰撞对本书的研究起到了重要的启发作用。感谢国家科技评估中心各位领导以及学术委员会对本书出版的大力支持。感谢多位科技评估界的权威专家对本书的审核把关。感谢徐志凌在资料收集过程中给予的热心帮助。感谢北京理工大学出版社的各位编辑、校对在出版过程中的辛勤付出和大力支持。对于其他各方面的支持与帮助，在此恕不一一列举，一并表示衷心感谢。

最后需要说明的是，虽然本书有幸入选国家科技评估中心组织出版的“科技评估丛书”系列，但书中内容的性质属于作者本人在科技规划管理与评估方面的学术探索，并不一定反映作者所在单位的立场或观点。

由于学识水平有限、成书时间仓促，本书不足之处，恳请业界专家和广大读者批评指正和谅解。

陈　光

2020 年 8 月，于北京